青少年 科普图书馆

图说生物世界

海底造洞房的"建筑师"

——鱼类动物

侯书议 主编

上海科学普及出版社

图书在版编目（ＣＩＰ）数据

海底造洞房的"建筑师"：鱼类动物 / 侯书议主编. －上海 ：上海科学普及出版社，2013.4（2022.6重印）

（图说生物世界）

ISBN 978-7-5427-5611-4

Ⅰ．①海… Ⅱ．①侯… Ⅲ．①鱼类－青年读物②鱼类－少年读物 Ⅳ.①Q959.4-49

中国版本图书馆 CIP 数据核字(2012)第 271698 号

责任编辑 李 蕾

图说生物世界

海底造洞房的"建筑师"——鱼类动物

侯书议 主编

上海科学普及出版社

（上海中山北路 832 号 邮编 200070）

http://www.pspsh.com

各地新华书店经销 三河市祥达印刷包装有限公司印刷

开本 787×1092 1/12 印张 12 字数 86 000

2013 年 4 月第 1 版 2022 年 6 月第 3 次印刷

ISBN 978-7-5427-5611-4 定价：35.00 元

图说生物世界
编 委 会

丛书策划:刘丙海 侯书议

主　　编:侯书议

编　　委:丁荣立 文　韬 韩明辉

　　　　　侯亚丽 赵　衡 王世建

绘　　画:才珍珍 张晓迪 耿海娇

　　　　　余欣珊

封面设计:立米图书

排版制作:立米图书

前　言

对于鱼类，大家并不陌生，因为在日常饮食中，鱼类占有很大的比例，它们味道鲜美，营养丰富，备受人们的喜爱。当然，也有很多色彩鲜艳、长相奇特的鱼被当做观赏鱼供大家欣赏。或许你家里的鱼缸里就养着很多鱼，但是，你知道它们叫什么名字吗？

鱼类也有特异功能。电鳗可以通过发电来袭击敌人，飞鱼可以在空中进行短暂的飞行，光睑鲷可以在漆黑的海洋中发光，石斑鱼可以像变色龙一样变换身体的颜色，而弹涂鱼不但可以离开水，还会爬树。

鱼类也很有趣味。三棘刺鱼拥有高超的建筑本领而被称为"水下建筑师"；鲇鱼十分狡猾，竟然可以诱骗老鼠，并把老鼠拖进水里吃掉；鳗鱼是鱼类当中最喜欢清洁的，简直怀疑它患有洁癖症；说出来不怕丢人，还有一种叫蝙蝠鱼的鱼，它竟然不会游泳！

或许你以为鱼类会任人类宰割，但是，错了，有很多鱼不但敢攻击人，还会将人吃掉。吃人的鱼有很多种，有"食人怪兽"坦克鸭嘴鱼，有"海洋杀手"大白鲨，有"吸血鬼"寄生鲶鱼，有"水中狼族"的食人鱼。它们的大名足以让人类和鱼类心惊胆战了！此外，还有很多鱼含有剧毒，如石头鱼、河豚、狮子鱼等。最有趣的是，生活在海洋里的，不一定是鱼，同时，鱼也不一定就一直生活在海洋里。鲸虽然长得像鱼，又生活在海洋里，它却不属于鱼类。而弹涂鱼偶尔也能离开水，在陆地上生活，它却是鱼类。所以，不能根据长相和该物种是否生活在水里来判断它是否属于鱼类。

鱼类的一些技能对人类不无启发，它们教会了人类如何制造潜水艇，如何制造电池等，给人类的科技带来了很大的帮助。

怎么样？是不是对这些科学知识感到十分好奇呢？此刻，让我们一起走进这个丰富多彩的鱼类世界吧。

目 录

鱼类的家族史

鱼类家族之"最"

鱼类的特异功能

千奇百怪的趣味鱼

鱼类家族的厉害角色

鱼类"毒"步江湖

鱼类与人类

鱼类的家族史

关键词：鱼类特征、进化史

导　　读：鱼类的祖先最早出现在 4 亿年前的奥陶纪，那时候，鱼类的种类还比较单一。随着时间的推移，鱼类的祖先为了适应当时的生活环境，开始了慢慢的进化，到了泥盆纪时，鱼类的祖先已经进化成了各种各样的鱼。

鱼类的基本特征

在我们的印象中,鱼总是生活在水中的。但是,生活在水中的就一定是鱼吗?答案并非如此,如果想要成鱼类家族的一员,还必须具备三个最基本的条件:

第一,大多数鱼的一生都生活在水里。

对于人类来说,陆地是最理想的生活之地,然而对大多数鱼来说,有水的地方才是天堂。它们必须一生都生活在水中,一旦离开水,它们就会因为无法呼吸而窒息死亡。但是,也有极少数的鱼可以短暂地游出水面去陆地上生活。

姓名:鱼

性别:雄性

爱好:游泳

第二,鱼类的呼吸器官和陆生动物的呼吸器官的构造不同。

陆生生物都是用肺呼吸,而鱼类却没有长肺,它们是用腮进行呼吸。鱼类呼吸并不是单单地依靠腮,除了腮以外,还有很多鱼类拥有一些辅助的呼吸器官。比如泥鳅,它可以利用肠子吞入气体,这种呼吸方式称为肠呼吸;鲶鱼、弹涂鱼等鱼的皮肤也可以呼吸。

第三,鱼类的附肢为鳍。

鳍就像船桨一样,可以帮助鱼类在水中游动,并起到保持身体平衡的作用。

大多数鱼都长着胸鳍、腹鳍、背鳍、臀鳍和尾鳍。胸鳍相当于陆生动物的前肢，长在鱼腮后缘的胸部，它们的作用是辅助鱼类在水中运动，维持身体平衡，并把握运动的方向；腹鳍相当于陆生动物的后肢，它们除了能够像胸鳍一样能够维持身体平衡并把握运动方向之外，还负责身体的升降拐弯等。背鳍和臀鳍的作用是维持身体的平衡、防止倾斜等等，而尾鳍的作用跟船上的舵差不多，控制着身体前进的方向，并能推动身体前进。

第四，鱼类还长有鱼鳞。

鱼鳞是鱼类体表的衍生物，大多数鱼的身上都覆盖着鱼鳞，它占鱼体重的 2%～3%。鱼鳞不仅美观，对鱼类来说还能起到很大的保护作用。首先，鱼鳞能够将很多微小的细菌挡在鱼类身体外边，是一层天然的屏障；其次，鱼类肚子上的鱼鳞银光闪闪，看上去像一面镜子，这可以吓唬那些对它们不怀好意的敌人；再者，鱼鳞是鱼类的外部骨架，长了鱼鳞的鱼类就像穿上了一层铠甲，不仅可以保持鱼类的体形，还能减少鱼类身体直接跟水的摩擦。

鱼鳞中含有丰富的蛋白质、脂肪、多种维生素以及多种人体所需要的微量元素。通常情况下，人们在吃鱼的时候都会将鱼鳞刮掉，这些营养物质就会被浪费掉。可是，鱼鳞又不能直接吃，为了不浪费掉这些鱼鳞，有人就将鱼鳞经过多次加工之后，做成了美味可口的

"胶冻"。

第五，有一部分鱼长了一个不一样的器官，那就是鱼鳔。

鱼鳔约占鱼体积的 5% 左右，它不仅能够辅助呼吸，还能够维持身体的平衡。有时候，人们可以根据鱼鳔来判断出一条鱼的年龄。

正因为鱼类的身体构造和其他动物的身体结构大有不同，它们才会选择不同的生存环境。这样一来，就避免了鱼类同其他动物争夺自然资源，减少了动物与动物之间的争斗，因此，它们与其他动物种类才能"井水不犯河水"地共同生存在这个地球上。

鱼类家族的进化史

　　鱼类家族的祖先很早就在地球上出现了。在鱼类的祖先出现的时候,人类的祖先还没有出现呢!

　　鱼类的祖先最早出现在 4 亿年前的奥陶纪,那时候,鱼类的种类还比较单一。随着时间的推移,鱼类的祖先为了适应当时的生活环境,开始了慢慢的进化,到了泥盆纪时,鱼类的祖先已经进化成了各种各样的鱼。在当时来说,海洋里到处都能看到鱼类祖先的身影,

其中,有颌的棘鱼类和盾皮鱼类堪称水中世界的霸主,随后,原始棘鱼类和盾皮鱼类进化到软骨鱼类和硬骨鱼类。因此,泥盆纪也被称为是"鱼类的时代"。

尽管如此,从古至今,为了能够更好地适应自然界不断变化的新环境,鱼类一直没有停下进化的步伐,所以今天才会有各色各样的鱼出现在我们的视野当中。

鱼类的种类繁多,目前被人类发现就达到 26000 多种了。当

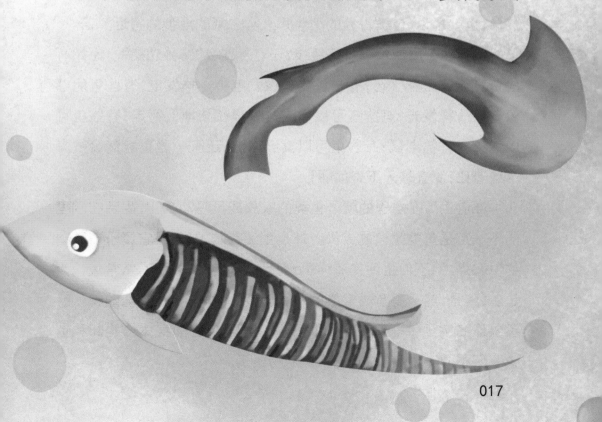

然,由于人类的探测技术有限,无法潜入更深的海中,所以还有一些鱼目前尚未被发现。如果再加上那些没有被发现的鱼类,鱼类的家庭成员一定多得让人无法想象!

鱼类大多喜欢生活在水中,也有个别"调皮捣蛋"的成员既能生活在水里,也能爬到陆地上。

地球非常庞大,又被分为陆地和海洋,人类居住的陆地只占地球面积的 21%,而鱼类家族的成员居住的海洋面积占整个地球的 79%,也就是说,鱼类占领的地盘是人类占领的地盘的将近 4 倍。

鱼类的家族成员都身怀绝技,还有一些会"特异功能"。比如有些鱼可以在天空飞行;有些鱼能够像发电机一样发电;有些鱼能够像电灯一样发光;有些鱼可以像人类一样在陆地上行走;有些鱼可以像猫一样抓老鼠;有些鱼可以发出声音;还有一些鱼竟然会被海水给淹死,简直是天下奇闻啊!

难道生活在水里的就是鱼类的家族成员吗?其实,生活在水里的不一定是鱼类家族的成员。虾也生活在水里,但是它属于节肢动物甲壳类。鲸不但生活在海洋里,而且还和鱼长得很像,常常被认为是鱼,但是,鲸不是鱼类家族的成员,它和人类一样是哺乳动物。鱿鱼虽然名字里带有"鱼"字,也生活在水里,但它的身体结构却和鱼类有所不同,所以就被归为软体动物类了。

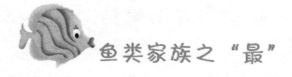

鱼类家族之"最"

关键词：鲸鲨、胖婴鱼、旗鱼、鲫鱼、狗鱼、侏儒虾虎鱼、翻车鱼、罗非鱼

导　读：在鱼类之中，还有诸多之"最"，比如个头最大的、个头最小的、游速最快的、产卵最大的、寿命最长的等等。

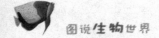
体型最大的鲸鲨

鲸鲨居住在热带和亚热带的海域当中，它们家族成员的身长可达 10 米左右，体重在 10～15 吨之间，是世界上最大的鱼。

鲸鲨是鲸鲨科及鲸鲨属中唯一的成员。它的身体颜色以灰褐色或者蓝褐色为主，身侧还点缀着白色的斑点和斜纹。鲸鲨的长相有点儿奇特，它一双小眼下面长着一张大嘴巴，这张大嘴巴里还长了很多牙齿，它也是牙齿最多的鲨鱼。

虽然鲸鲨的体型在鱼类中是最大的，但是鲸鲨的性情却十分温和，从来不攻击人类。有时候，它还会和背着潜水器的潜水员在水中嬉戏。巨大的体型使得它游泳很缓慢，但是，鲸鲨也并不像人类想象的游得那么慢，它有时候能从海面上迅速扎进水中并潜入海底。不过，鲸鲨很会享受生活，没事的时候就漂浮在海面上享受阳光浴。

鲸鲨爱吃的食物有软体动物、浮游生物、甲壳类以及小鱼。鲸鲨是一种滤食性动物，它在吃东西的时候不需要游动，只需要张开大嘴巴，将食物连同海水一起吸进口中，再将嘴闭上，最后将水从鳃中吐出来，将食物留在离开鳃与咽喉的皮质鳞突中。皮质鳞突像是一个过滤器或渔网，能够使2~3毫米的食物也不会成为"漏网之鱼"。

鲸鲨属于卵胎生的动物，虽然一条鲸鲨可以同时生下300尾小鲸鲨，但是鲸鲨晚熟，而且怀孕率十分低下，对它们繁殖后代影响很大。再加上人类的大量捕捉，鲸鲨的数量在逐年减少，甚至已经达到濒临灭绝的地步。

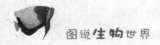
体型最小的胖婴鱼

　　胖婴鱼生活在澳大利亚东海岸的一座岛屿的附近水域里。它们的外形细长，体重只有 1 毫克，有一粒芝麻那么重。在动物界，一般都是雄性比雌性的高大，但是，胖婴鱼却恰恰相反，雄性胖婴鱼平均身长在 7 毫米左右，而雌性胖婴鱼平均身长在 8.4 毫米左右。总而言之，胖婴鱼堪称世界上最小、最轻的鱼。

　　与大多数鱼不同的是，胖婴鱼不但没有长鳍，也没有长鱼鳞和牙齿。除了眼睛上有一些色素，全身都是透明的。胖婴鱼的寿命十分短暂，只有 2 个月左右。雌鱼一般在生下 2~4 周就能够产卵，"早熟"才能保证胖婴鱼不断地繁衍下去。

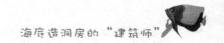

游速最快的旗鱼

海洋可谓是鱼类的世界，里面有很多游泳速度比较快的鱼，如飞鱼、金枪鱼、鳟鱼、旗鱼、海豚、剑鱼等，它们都堪称是游泳健将。那么，谁才是游泳最快的鱼呢？答案是旗鱼，它以平均每小时 90 千米的速度位居第一名。

旗鱼是辐鳍鱼纲鲈形目旗鱼科的一种海洋鱼类，旗鱼种类较多，主要有真旗鱼、目旗鱼、黑皮旗鱼、立翅旗鱼、芭蕉旗鱼等，这些种类的旗鱼生活习性方面大同小异。

旗鱼大多数生活在热带或温带海域，在大西洋、印度洋、太平洋以及印度尼西亚、美国、日本、中国等地区的水域，都可见到它们的身影。

旗鱼是食肉动物，主要以鱼、乌贼、秋刀鱼为食。旗鱼的身体为深蓝色，腹部为银白色，背部上的鳍是亮蓝色的，而且长有斑点。旗鱼的前颌骨和鼻骨向前延伸，构成了一种尖长并呈啄状的吻部，好像是一把宝剑。背部长着高高的鱼鳍，像是一面迎风飘扬的旗子，故名旗鱼。

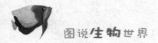

旗鱼属于个头较大的鱼类，一般体长有 3 米左右，最长可达 5 米多，体重大约在 60 千克以上，最多的时候体重可达 600 千克。

旗鱼游泳的速度为什么会那么快呢？原来，这和它的身体构造密切相关。在游泳的时候，旗鱼可以把背上的鳍合上，减少水对背鳍

的阻力。它那尖尖的嘴在向前游动的时候,可以将水分散在身体两旁,而它那不断摇摆的尾柄尾鳍,就像是航船上的助推器,可以让身体加速前进。不仅如此,它那流线型的身体,以及发达的肌肉,都能使它像一支离弦的箭一样在水中前进。

值得一提的是,旗鱼十分凶猛,攻击性特别强,它曾经攻击过人类的轮船。一旦发现攻击目标,旗鱼会以每小时110千米的速度冲过去,它还可以潜入深达800米的海水中。

旗鱼是人类重要的食用鱼类之一,它味道鲜美、富含营养,成为各地渔业重点捕猎对象。但是,过度的捕猎,导致旗鱼的数量也面临减少的风险。2001年,国际绿色和平组织将旗鱼列入到海鲜红色名录。被纳入海鲜红色名录的鱼类,意味着资源将面临风险,并危及渔业的不可持续性。

最懒惰的鲫鱼

　　鲫鱼又被人们称为吸盘鱼、印头鱼或者粘船鱼,它生活在热带亚热带和温带海域。它长得十分奇特,有着小小的头,小小的眼睛,头和身体的前端看起来是平扁的, 中间有一个长长的椭圆形吸盘。一般体长在 22～45 厘米之间,最长的可以达到 1 米。

　　游泳对于鱼类来说是最基本的运动,但是,鲫鱼却连鱼类最基

本的运动都懒得做。

　　既然如此，它们又如何去寻找食物呢？鲫鱼虽然懒，但还不至于懒到将自己饿死，它会充分发挥自己吸盘的优势。在它需要离开一个地方的时候，首先会将自己的吸盘紧紧地吸附在鲨鱼、鲸、海龟的身上，让这些大型动物带着它畅游海洋世界。因此，这个最懒惰的鱼，还获得一个"天生的旅行家"的称号。

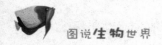

除了吸附在其他鱼身上到处旅行之外，这种生活方式，还实现了自身的安全。试想，在鱼类世界里，有谁愿意为了吃一条䲟鱼，而去冒险接近鲨鱼、鲸鱼这些大型动物呢？所以，当䲟鱼被带到一个食物比较丰富的海区，它就会自动脱离这些大型动物。等它将这里的美食吃完之后，它还会吸附到其他的大型鱼类身上，再接着环游世界，寻找下一个食物丰富的海区。

䲟鱼不但会吸附在鲨鱼、鲸等大型动物的身上，还会钻进旗鱼、剑鱼等鱼的嘴里或者鳃孔里寻找食物。虽然被它吸附的鱼都是些凶猛的大型鱼，但是它们却拿䲟鱼一点办法都没有，唯一能做的就是等待着䲟鱼主动地离开它们的身体。

䲟鱼到底喜欢吃什么食物呢？它喜欢吃浮游生物，还有那些大型鱼吃剩下来的残羹剩渣。当然，它还会捉一些小鱼和无脊椎动物。聪明的渔民发现了䲟鱼能够吸附在其他鱼的身上，就想到了一个捕捉鱼的方法。

首先，渔民用长绳把几条䲟鱼的尾巴给穿起来，然后扔进海里。如果䲟鱼遇到一些自己喜欢吸附的鱼，它们便会牢牢地吸附在那些鱼的身上，这时，渔民把这些绑着绳子的䲟鱼拉出水面，几条䲟鱼吸着那些鱼类不放，渔民就可以抓到这些被䲟鱼吸附的鱼了。如果想要抓到海龟，把䲟鱼扔进海里，即可抓获海龟。

最毒的纹腹叉鼻鲀

　　虽然鱼类能作为人类餐桌上最美的也是最常见的菜肴，但是，并不是所有的鱼都能吃，因为有一些鱼的身上带有毒素。其中，毒性最强的当属纹腹叉鼻鲀，它堪称鱼类中的"毒王"。

　　纹腹叉鼻鲀的卵巢、肝、肠、皮肤、骨头里面都含有毒素，甚至连血液中也含有一种神经毒素——鲀毒素。鲀毒素会随着纹腹叉鼻鲀繁殖季节的到来而加强。如果谁在它们的繁殖季节不小心吃了它们的肉，两个小时内就会有生命危险。

纹腹叉鼻鲀属于辐鳍鱼纲鲀形目四齿鲀科的一种鱼类，别名白点河鲀、乌规、花规、绵规等，主要生活在红海、印度洋和太平洋海域。

纹腹叉鼻鲀虽然属于鱼类，但是它身上却没有长鱼鳞。它的样子也很丑，但是身上的颜色却多而艳丽。它的背上布有很多白色圆点，腹部有很多白色纵纹。一般的纹腹叉鼻鲀体长为 10～21 厘米，最长的可以达到 50 厘米左右。

纹腹叉鼻鲀属于肉食动物，比较贪吃，海底栖息的小型无脊椎动物是它的主要食物。它的游泳速度非常慢，即使受到惊吓，它也无法快速地逃跑。不过，它有一个绝招可以保护自己不被天敌吃掉，那就是一旦有天敌靠近它，它就会往身体内吸取大量的水或空气，将身体膨胀成一个圆球状，其他的动物看到如此形状怪异的动物，都会吓得逃之夭夭。

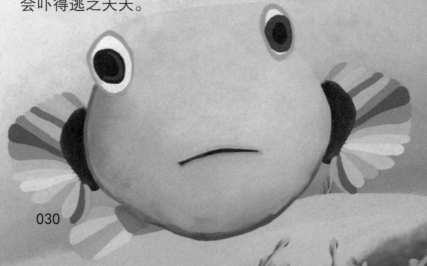

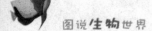

平均寿命最长的狗鱼

　　鱼的寿命一般只能活几年,寿命短的才活几个月,寿命长的也极少有能够活到几十年的。不过,鱼类当中也是有寿星的,它的名字就叫狗鱼。狗鱼平均寿命在 70 岁左右,是鱼类中平均寿命最长的一种鱼。

　　狗鱼属鲑形目狗鱼科狗鱼属的一种淡水鱼类,主要生活在寒带和温带的淡水区域。中国有两种狗鱼:一种叫黑斑狗鱼;一种叫白斑狗鱼。又因为狗鱼的嘴和鸭嘴一样都是扁的,并且下颚突出,所以也有人也叫它鸭鱼。

狗鱼背部的颜色有绿色的和绿褐色的两种,不过,中间还会夹杂着一些黑色斑点。至于腹部,则是灰白色的,背鳍、臀鳍、尾鳍长有很多小黑斑点,其余部分为灰白色。因此,根据狗鱼身上的斑纹、颜色的不同,狗鱼又分成带纹狗鱼、黑斑狗鱼、白斑狗鱼、暗色狗鱼、网纹狗鱼、虫纹狗鱼等。

　　狗鱼长着和其他动物与众不同的牙齿,它的上腭可以伸出来,用锋利的牙齿可以挂住捕捉的动物。如果食物吃不完了,它就会把这些食物挂在牙齿上,什么时候想吃了,就从牙齿上取出,吞入肚子里。狗鱼的食物主要以

其他鱼类、虾为主，偶尔会捕食青蛙、野鸭、老鼠等。狗鱼的食量大得惊人，特别是在繁殖之后，一天就可以吃完和自己身体等重量的食物。

狗鱼非常聪明，主要表现在捕食方面。

一般来说，很少有动物选择在清晨或者傍晚出来捕捉食物，因为这个时间段里的光线不好，在水里生活的动物们很少在这个时间活动。光线暗对于狗鱼来说不是什么大问题，因为它的视觉极其敏锐，在昏暗的光线中依然能够看清猎物。再加上狗鱼十分敏捷的动作，猎物一旦遇到狗鱼，很难逃脱狗鱼的"手掌"。

狗鱼捕猎还有其他绝招。如果狗鱼看到一些小动物在水里游来游去，它就会用尾巴把水搅浑，然后悄悄地躲在浑水中，眼睛一眨不眨地盯着向自己方向游来的小动物，一旦靠近，就一口将其咬住。

在自然界当中，一般雄性都是比较凶猛的，但是对于狗鱼来说，雌性狗鱼比雄性狗鱼要凶猛得多。如果不是在繁殖的季节，雄性狗鱼一般是不会轻易靠近雌性狗鱼的。雌鱼有选择雄鱼的权利，而雄鱼就显得很被动。

每当狗鱼繁殖季节来临的时候，成熟的雄鱼就会想尽办法靠近雌鱼，而雌鱼会将自己不喜欢的雄鱼赶走，留下一些自己喜欢的雄鱼。接下来，雌鱼就会高兴地在前面游动，后面的一群雄鱼就开始一

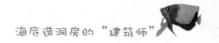
边追赶雌鱼,一边互相厮杀。直到游疲倦了,雌鱼才会停下来,并和雄鱼进行交配。

待雌鱼排完卵,雄鱼就会马上逃离现场。这并不是因为雄鱼不负责任,而是如果雄鱼不尽快地离开现场,雌鱼就有可能将它们吃掉。或许你不信,但事实上就是这样,雌性狗鱼不但会吃掉来不及逃跑的雄鱼,而且还会吃掉自己产下的卵呢!可见,雌性狗鱼的残忍。

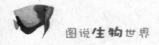

寿命最短的侏儒虾虎鱼

侏儒虾虎鱼在鱼类当中是最短命的,被人称为"短命鬼",最长寿命一般不会超过两个月。

侏儒虾虎鱼之所以得此名,是因为它的身材矮小,仅有几厘米长,不过,它的家族种类很多,达 2100 多种。它们主要生活在澳大利亚,那里有世界上最大的珊瑚礁群,侏儒虾虎鱼就生活在珊瑚礁丛中。侏儒虾虎鱼的生命十分短暂,但是它的身体长得却很快。据科学家解释,造成侏儒虾虎鱼寿命短暂,而生长速度又极快的因素,是由于它们生活的珊瑚礁地带存在着许多掠食动物,它们必须保持快速地生长与繁殖,才能保持种族延续。

侏儒虾虎鱼只要长到 20 天左右就可以达到性成熟阶段,当它们交配后,雌性虾虎鱼会产下鱼卵。为了保护自己的后代能够存活和成长,雄性虾虎鱼会守护在卵的附近,使后代不被其他动物偷食。

侏儒虾虎鱼的腹和鳍合并成为一体,形成了一个吸盘样的结构。一旦遇到大浪的侵袭,它就会紧紧地吸附在石头或者其他东西上,以防被大水冲走。

侏儒虾虎鱼不挑食，一般以体型比它小的虾、蠕虫为食，有时候还会偷吃其他鱼类产的卵。

产卵最多的翻车鱼

翻车鱼一次就能产卵 3 亿个。因此,翻车鱼产卵的数量在鱼类当中是最多的。

翻车鱼遍布于温带和热带海域,一般在外海表层就能看到它的踪影,体色为灰色或者浅褐色,身材又圆又扁,像是一个大碟子。在天气好的时候,它会露出水面晒一晒太阳;如果天气不好,它就浮于水面。它的背鳍和臀鳍可以划水并控制前行的方向,而且背鳍可以使它在海水中尽情地翻跟斗。它主要喜欢吃的食物有水母和浮游动物等肉食类动物。

由于游泳的速度极其缓慢,所以翻车鱼经常被其他鱼吃掉。因此,翻车鱼进化成了产卵最多的鱼,以保持种族数量。

每到繁殖的季节,雄性翻车鱼会在海底寻找一片地方,然后用胸鳍和尾巴将那里的沙泥给挖开,直到挖成一个凹进去的小吊床,然后引诱雌性翻车鱼来到这里产卵。产完卵之后,雌性翻车鱼就会离开,幼鱼是由雄性翻车鱼负责将其养大的。翻车鱼的幼鱼身长一般只有 0.25 厘米,长大之后可达到 3 米。成鱼的体重可以达到

3000千克，是幼鱼时期体重的 6000 万倍。

　　翻车鱼产卵的数量虽然多，但并不是所有的卵都能够成活。其中，有一部分鱼卵不能受精；有一些鱼卵在没有变化成幼鱼的时候就会被其他鱼吃掉；即便有一些幸运地变成了幼鱼，但是那里的大风大浪依然能够导致其死亡。研究人员发现，在翻车鱼产下的 3 亿卵中，真正能够存活到繁殖季节的只有 30 条。

　　翻车鱼除了经常受到虎鲸和海豹的袭击，还会受到人类的捕捉，因为翻车鱼是一种食用鱼，吃起来肉质鲜美，营养价值非常高，蛋白质含量也非常高。不过，翻车鱼身上的肉很少，如果把一条翻车鱼宰杀之后，能够得到的肉只有它身体的十分之一。可能也正是因为如此，才导致在市场上翻车鱼的价格要比一般鱼的价格高得多。

产卵最少的罗非鱼

罗非鱼是辐鳍鱼亚纲鲈形目的一种中小型鱼类，又名非洲鲫鱼、非鲫、越南鱼、吴郭鱼等。它的样子与鲫鱼相似，但是它并非鲫鱼类，而属于鲈鱼目鱼类。

罗非鱼主要生活在非洲地区的热带水域，它的生存能力超强，无论在海水中，还是在淡水中都能够生存，并且极度耐低氧。它属于杂食性鱼类，对食物没有苛刻的要求，水生植物、其他小动物等，皆能成为它的美食，而且还较能吃，摄食量比较大。

罗非鱼的产卵量在鱼类中属最少的，它每次产卵在 1000 ~ 1500 粒之间。为什么会出现这种状况呢？这大概与生物的进化有关。通常情况下，一些产卵量多的鱼类，幼鱼的成活率较低，其成年鱼对于卵的保护措施也较少，因此，这种鱼类就要依靠产卵量多来延续后代。罗非鱼的情况恰恰相反，它对卵有保护措施，它的卵是在口腔内孵育出幼鱼，并且幼鱼生长迅速、成活率高，同时，它的产卵周期较短，这些有利的综合因素，使得罗非鱼不需要每次都产那么多卵了。

 **鱼类的特异功能**

关键词：弹涂鱼、飞鱼、光睑鲷、红鲷鱼、箱鲀、石斑鱼

导　读：一提到"特异功能"，相信很多人就会产生浓厚的兴趣。在鱼类当中，有很多鱼也具有特异功能，而且不同鱼类的特异功能不同，比如有的鱼会爬树，有的鱼会飞，有的鱼会发光，有的鱼会变性等等。

爬树高手——弹涂鱼

有没有一种鱼可以爬树呢？

在平常的生活中，人类所看到的鱼类一般都生活在海洋之中。鱼能够走到陆地上就几乎是一件不可能的事，更不用提能爬树了！不过，自然界中有一种叫弹涂鱼的鱼，不但可以生活在海洋里，还可以生活在陆地上。它有时候在泥地上蹦来蹦去，有时候会在红树林中爬来爬去。它不但能爬树，还能在泥地上钻洞，然后把自己不留痕迹地藏在挖好的泥洞里。

原来，弹涂鱼是一种水陆两栖的鱼，既可以生活在水中，也可以生活在陆地上。在进化的时候，它的腹鳍和胸鳍的肌肉变得越来越发达，足以使它能够在陆地上跳跃到是自己身体3倍的距离。它依靠腹鳍支撑着身体，然后用胸鳍把身体往前拉，就可以在陆地上行走了。它强健的胸鳍，可以像脚一样在陆地上行走，在爬树的时候，还可以紧紧地抱住树干。当它潜入水里的时候，它又能把鳍当成船桨，在水中滑行。

它的鳍真是用处多多啊！

　　弹涂鱼是鲈形目虾虎鱼科弹涂鱼族的一种两栖鱼类,它们主要生活在有"世界活化石博物馆"之称的澳大利亚东北海岸,以及中国沿海和太平洋的热带海洋水域,并常常栖息于沿海的泥滩或者咸淡

水交界处。

世界上共有 25 种弹涂鱼,我国占有 6 种弹涂鱼种类,常见的有弹涂鱼、大弹涂鱼、青弹涂鱼。

弹涂鱼的食物主要有硅藻、蓝藻等,也有一些种类的弹涂鱼喜食昆虫等小动物。

弹涂鱼的眼睛长得十分奇特,位于头部的前上方,突出于头部,像两个小灯泡,而突出的头部,可以减少空气折射所带来的误差。眼睛下面长着一个杯状窝,杯状窝里藏着很多水,一旦眼睛因为长时间暴露在空气中变得干燥的时候,它就会将眼球收进杯状窝中,湿润一下眼球。经过长期的进化,弹涂鱼的视力非常好,可以在浑水中看到水里的物体。

说一千道一万,弹涂鱼它还是鱼,即便可以在阳光下跑来跑去,如果长时间离开水,它就会因为身体不能保证湿润而死亡。为了保持身体的湿润以及不会发生身体脱水的情况,弹涂鱼一般都会在泥滩附近活动。

弹涂鱼有一个习惯,如果它想钻出水面,去陆地上散一会儿步,它就会在嘴里含上一口水。难道是它害怕口渴? 其实弹涂鱼这么做是为了呼吸,就像潜水员潜入海水中身上背的氧气罐,水就是弹涂鱼在陆地上的氧气罐。人类呼吸需要氧气,可以直接从空气中呼吸而获得,而弹涂鱼需要在海水中呼吸获得,所以它一辈子都离不开海水,即便是在陆地上它也会噙上水。在吃食时,它也会注意水的补充,不然,就会因为没有氧气而窒息死亡。为了防止遇到干旱的天气,弹涂鱼会给自己挖洞,直到挖到水为止,然后将自己埋藏在有水的洞中,供它呼吸之用。

不过,雄性弹涂鱼挖洞不单是为了保护自己,有时还为了取悦雌性弹涂鱼。一到繁殖的季节,雄性弹涂鱼就在自己的势力范围内挖上一个呈"J"字形的深洞,大约有 0.6 米深。挖好洞穴之后,雄性弹涂鱼就该寻找自己的伴侣了。雄性弹涂鱼会将自己身上的土褐色变成浅浅的灰棕色。当它遇到自己喜欢的雌性弹涂鱼的时候,就会往嘴和鳃里充气,使头部膨胀起来,把背弯曲成拱形,将鳍竖立,扭动着身体,为雌性弹涂鱼跳上一支求爱舞。

雄性弹涂鱼也害怕其他的雄性弹涂鱼前来横刀夺爱。如果有其他雄性弹涂鱼前来打扰,它会跳得更加起劲,生怕被别的家伙夺去了风采。如果它发现雌性弹涂鱼在洞口犹豫着,它就会变着花样跳舞,直到将雌鱼吸引到自己的洞中,然后用泥巴堵住自己的洞口,开始和雌鱼"结婚"了,然后,小弹涂鱼就出生在洞穴内。

小弹涂鱼出生约 45 天,便可爬出洞穴,走向大海,学习游泳,开始它的真正的两栖生活了。

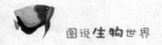

海洋飞行家——飞鱼

　　航行在海洋上的人,常常会发现一种像鸟一样张开翅膀在海面上进行短暂飞行的鱼。它能够跃出海面 8～10 米高,在空中以每秒10 米的速度飞行长达 400 多米。这种鱼就是飞鱼。

　　飞鱼属颌针鱼目飞鱼科,又名文鳐鱼、燕鳐鱼,著名的飞鱼品种有弓头燕鳐鱼、尖头燕鳐鱼、翱翔飞鱼、真燕鳐鱼。一般生活在温暖的水域,体型很小,最大的才 45 厘米长,它的两个硬鳍像两个翅膀一样。

　　飞鱼虽然能够飞翔,但只能是短暂的飞翔,并不能像鸟类一样进行真正意义上的飞行,它的这种动作顶多算是滑翔,而在滑翔的时候,它也不会扇动双鳍,只是将双鳍展开而已。那么,它又是怎么在空中滑翔的呢?

　　如果想要在空中滑翔的话,

飞鱼首先需要在水中完成加速前行的动作，在游向水面的时候，鳍紧紧地贴着流线型的身体，在冲出水面的时候，张开双鳍，用尾巴快速拍打水面，从而获得强有力的助推力，向空中滑去。此时飞鱼就像一支离弦的箭，以飞快的速度飞向天空。飞鱼也可以做连续的滑翔

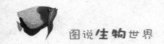
运动,在每次落入水中之后,再次从水中窜出水面。

飞鱼为什么会"飞"出水面呢?难道是为了表演给人类看吗?还是在炫耀自己的绝技?都不是的。其实它主要是用来逃避大型鱼类的追逐,因为它是大型鱼类最爱吃的食物。

小小的飞鱼时刻提醒自己,如果自己跑慢了,就会成为像金枪鱼和剑鱼一类的大型鱼的盘中餐。所以它就拼命地窜出水面逃亡。有时候受到其他惊吓或生殖季节到来的时候,它也会飞跃海面。

凭着如此特技,飞鱼躲过不少被吃的危险,但有时,"才逃虎口,又入狼窝",当飞鱼在空中飞行的时候,海鸟就会趁机偷袭飞鱼,把飞鱼衔在嘴里,飞鱼就成了海鸟的美餐。因此,飞鱼只能靠一会飞到半空,一会钻入水中的方式来躲避所有敌人的袭击。

还有一点,飞鱼跟飞蛾一样具有趋光性。哪里有光线它就会向哪儿扑。

聪明的渔民发现了飞鱼的趋光性规律后,常常以此来捕捉飞鱼。夜晚的时候,渔民会在甲板上挂上一盏灯,飞鱼看到灯光,就会往甲板上跳。飞鱼白天的眼神较好,但它是夜盲,晚上看不清眼前的物体或陷阱,又特别喜欢在夜晚胡乱飞跃起来。这样一来,渔民设置的灯火,就成为飞鱼的葬身之地。第二天,渔民可以在甲板上收获不少的飞鱼。

海洋手电筒——光睑鲷

在广袤的海洋世界里,即便在晚上,也并不是处处都是一片漆黑,因为那里生活着各种各样的发光鱼,它们的身体就像一个个闪闪发亮的小灯泡。有的鱼可以发出白光,有的鱼可以发出蓝光,有的鱼可以发出红光,还有的鱼可以发出鬼火一样的光,甚至有的鱼可以同时发出几种不一样的光。光睑鲷的发光本领在所有能够发光的鱼中,是数一数二的。如果在夜间,即便是在 15 米处外,都可以看到光睑鲷所发出的亮光。

光睑鲷是一种生活在温带或者热带水域的小型鱼,它的体长不到 10 厘米,身体是侧扁的,呈现出长椭圆形,一般生活在 170 多米处的深海中。它喜欢夜晚出来捕食,只有在捕食的时候才会向上游寻找食物。

光睑鲷为什么会发光呢?其实,光睑鲷本身是不会发光的,而是因为光睑鲷身体上寄生了一种可以发光的细菌。

大家都知道,细菌用眼睛一般是看不到的,除非借助显微镜才能看到,如果聚集得足够多、足够大了,肉眼才能看到。光睑鲷的眼睛下聚集了数亿的发光细菌,这种发光细菌能够把从光睑鲷的血液中获得的能量转化为能够发光的荧光。光睑鲷有了这些荧光,眼睛就可以闪闪发亮,像手电筒一样,照得很远。

　　光睑鲷的发光器能够一直发光吗? 还是像手电筒一样,需要换电池才能保持一直发光?光睑鲷的发光器可以一直发光,从来不"断电",因为寄生在它身上的细菌会一直吸取它身上的血液,给发光器提供足够多的发光能量。

　　光睑鲷有了这神奇的特异功能后,就可以合理地利用身上发出

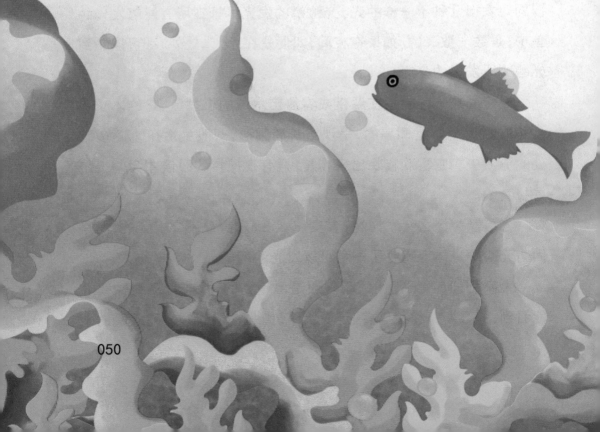

的光线,吸引一些趋光性的小动物前来,然后将它们吃掉。

这些光虽然给光睑鲷带来了好处,但同时也带来了很多坏处,因为这么强烈的光线容易把它所在的位置暴露给它的天敌。天敌一旦发现有发光的光睑鲷出现,就会循着光睑鲷发出的光线,找到光睑鲷,然后把它吃掉。

在光睑鲷遇到敌害的时候,它能不能像带有开关的手电筒一样,暂时不发光呢?当然可以。光睑鲷没有真正的眼睑,只有一层类似于眼睑的黑色皮肤褶膜,只要想关掉光亮,直接把这层膜翻上来

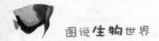

便可以了。如果想发出亮光,只要将这层膜翻下去就行了。

　　光睑鲷逃避敌害是有绝招的。在遇到敌害的时候,光睑鲷有自己独特的逃跑路线。它会按照"Z"字形路线逃跑,在逃跑的过程中,它会在"Z"字形的第一横,打开发光器,再急速转弯,再关闭发光器,就这样反复使用,用以迷惑敌人,使敌方察觉不到它真正的逃跑路线。

变性鱼——红鲷鱼

红鲷鱼是变性鱼类中的一种,主要生活在中国的渤海、黄海、东海和南海等各个海域。

红鲷鱼通常由 20 条鱼组成一个大家庭,而且其中只有一条雄性红鲷鱼,其余的雌性红鲷鱼皆为它的"妻子",这堪称是鱼类的"一夫多妻制"。

在这个大家庭中,雄鱼是一家之主,如果一家之主死掉了,那么其中最强壮的一条雌鱼就会变成雄性,充当一家之主,其他所有的雌鱼都成了它的"妻子"。

红鲷鱼为什么会由雌性变成雄性的呢? 难道有什么秘笈吗? 原来,雄性身上长着的鲜艳的色彩起到了作用。这种鲜艳的色彩可以在水中发出一种信号,而雌性红绸鱼对这种信号十分敏感。一旦雄性红绸鱼死去的话,它身上的色彩就会消失,那么众"妻子"中最强壮的那条雌性鱼的神经系统就会首先受到一些影响,然后在体内会分泌出大量的雄性激素,使得以前的卵巢消失,长出雄性的精巢,鱼鳍也变得和雄性一样大了,一条雄性鱼便从此诞生了。

哮天犬——箱鲀

在很多人的眼中，鱼类总是默不出声的。可是你们知道吗？在鱼类当中，有很多鱼是可以发出声音的，它们可以通过发出的声音来寻找自己的伙伴。例如，电鲇能发出像猫一样"喵喵"的叫声；鲂鳐可以发出像猪一样"哼哼"的叫声；海马可以发出打鼓一样的声音；石首鱼既能发出打鼓声，又可以发出猫叫声。

在众多能发声的鱼当中,发声最有特色的就是箱鲀,它可以发出像神兽哮天犬一样的"汪汪"声。

箱鲀大多分布在热带和温带海域,这类鱼有一个特点,就是全身大部分地方被一个坚硬的箱状的保护壳所包裹着,所以称为箱鲀。除此外,有的箱鲀头上长着角状的突,像是牛角,因此,还有人称它们为牛鱼。成熟的箱鲀雄鱼一般身长 15～25 厘米,体色为黄绿色,背上有艳蓝色的斑点,雌鱼和幼鱼都没有。

箱鲀的食物主要有甲壳类、贝类的无脊椎动物。

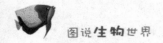

由于它全身都被一些硬壳所包裹着,只有鳍、口、眼睛能够动,它的身体不能弯曲,平常只有通过鳍慢慢地上上下下、左左右右地移动。大多数鱼的鳃都可以自由地动,但是箱鲀的鳃不可以这样动,只能通过张开小嘴将水从口腔中吸入鳃部,以此来捕捉在岩石上的小型动物。

箱鲀属于底栖鱼类,喜欢单独活动,不喜欢结群。这家伙生活习惯比较懒散,平常见到它在海洋中游泳,都是一副慢悠悠的样子。如果你想要捕捉它,可千万要小心啊!因为它在被捕捉或触摸到的时候,会从身体内释放出一种有毒物质,这种物质足以毒死和它在一起的鱼。

变色龙——石斑鱼

相信很多人都知道变色龙,它们既可以根据自身生活的环境改变颜色,又会根据自身的健康、心情、外界刺激以及生殖季节的到来等状况,来改变自身的颜色。其实很多鱼也有变色的本领。如欧洲的杜父鱼,在受到惊吓的时候,身体颜色就会变黯;英国的雄性隆头鱼为了吸引雌性,在繁殖的季节,体色会变得格外鲜艳;如果在有牙鲆的水缸里放入黄色、绿色、黑色、蓝色、粉红色等颜色,牙鲆的身体也会随着水缸里水的颜色而变化。

来自热带海洋中的石斑鱼,也可以像变脸的魔术师一样,在很短的时间内,由黑变白,或者由黄变红,甚至由红变淡绿,可以变化出6种不同的颜色。

石斑鱼喜欢居住在沿岸岛屿附近的岩礁、砂砾、珊瑚礁底质的海区,中国、美国和加拿大等地都能看到石斑鱼的身影。它的身体为椭圆形,稍微有些扁,嘴巴很大,牙齿细尖,有的大牙长成了犬牙。

有趣的是石斑鱼也能像红鲷鱼那样变换自己的性别。

石斑鱼一般一年就可以达到性成熟,在性成熟之后,它们的性别是可以发生变化的。有些雌性的石斑鱼生活在雄性领导的鱼群当中，当雄性石斑鱼死后，雌性的石斑鱼就会变身为雄性，继续领导鱼群。有的石斑鱼更为神奇，在巴西海域有一种石斑鱼，能够一天变四五次性别。而在加勒比海和美国佛罗里达州海域，生活着一种蓝条石斑鱼，它们一天能变好几次性别，它们交配的时候一条是雄鱼，一条是雌鱼，等交配完了以后，它们会互换雌雄继续繁殖。

石斑鱼是餐桌上的一道美味佳肴。它营养丰富，肉质鲜美，含有低脂肪和高蛋白，已经成了人类喜欢的上等食用鱼，在海内外都享有盛名。

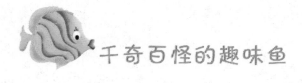

千奇百怪的趣味鱼

关键词：三棘刺鱼、蝙蝠鱼、鲇鱼、水滴鱼、非洲慈鲷、食蚊鱼、琵琶鱼、接吻鱼、鳗鱼、霓虹刺鳍鱼、鲟鱼、胭脂鱼、南极鳕鱼、蝴蝶鱼、比目鱼

导　读：有些鱼堪称鱼类世界的"笑星"，它们搞怪的行为、另类的表情，犹如一场别开生面的喜剧演出。

海底造洞房的"建筑师"——三棘刺鱼

　　鱼类当中，还真是人才辈出！这不，有一种鱼可以像建筑师一样为自己搭建小房子，它叫三棘刺鱼，有鱼类建筑师之称。三棘刺鱼只要动动嘴，就可以住上一间好房子。

　　三棘刺鱼生活在海洋当中，它是一种小型的硬骨鱼，身长一般只有 10 厘米左右。三棘刺鱼的背上长了三根荆棘一样的刺，这是它用来防御敌人的。也正是因为长了这三根刺，人们才叫它三棘刺鱼。

　　为什么说三棘刺鱼动动嘴就有房子呢？三棘刺鱼不像人类一样有手有脚可以搭建房子，它是在海底有泥沙的地方用嘴挖出一个浅槽，再用嘴叼一些水生植物的叶子、根茎或者海藻丝等，放入浅槽内，等东西都铺满了，三棘刺鱼还不满意，它还会从体内分泌出一种黏性物质，将槽内叼来的东西粘在一起，这样，巢穴的内聚力就会变得更大。然后，它在巢穴对面打开一个口子，并修建一个坑道，把坑顶往上推，以便扩大巢穴的内部。

　　相信很多人都会问：三棘刺鱼为什么会建造这么好的小巢穴

呢？难道就是为了自己居住的吗？不是的！那是它为雌鱼建造的爱巢！

为了吸引雌鱼，雄鱼想尽办法建造一个漂亮的巢穴。巢穴一旦建成，雄鱼就开始追求雌鱼了。它会在雌鱼的面前跳一种呈现"之"字形的舞蹈，并用嘴示意雌鱼进入建造好的巢穴里。但是，并不是所有的雄鱼建造的巢穴都能吸引雌鱼进入，一旦雌鱼不喜欢它的巢穴，就会离开。这时，雄鱼就不乐意了，用它的刺威胁雌鱼，逼雌鱼心不甘、情不愿地进入它的巢穴。有的雌鱼胆小怕事，就只能进去了。雌鱼产下卵之后，就会离开巢穴，而雄鱼也不阻拦。接下来的日子，就由雄鱼照看这些雌鱼留下的卵受精，直到这些卵变成幼鱼为止。

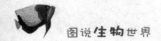

不会游泳的鱼——蝙蝠鱼

你猜猜海洋世界里有没有不会游泳的鱼啊？或许你会问：不会游泳，还好意思叫鱼吗？还真有一种不会游泳的鱼，它就是蝙蝠鱼。

蝙蝠鱼大多生活在热带和温带的浅海到深海的区域。它长着宽宽扁扁的头，身体很长，可达 8 米，体重 1.4 吨，呈现白色且带有褐色条纹，嘴比较小，有些种类的嘴还会上翘，头部有很多坚硬的结突和棘刺。通常情况下，诸多鱼类的体表常常密被鳞片。然而，令人称奇的是，蝙蝠鱼的体表一般不生长鳞片，只是密被大小不等的颗粒状骨质突起或尖刺。

蝙蝠鱼很少在海里游泳，只会看到它在海里爬行。它喜欢生活在深海，有些也生活在浅水。它常常以臂状的胸鳍和腹鳍在海底爬行。如果蝙蝠鱼受到惊吓，它就会像青蛙一样跳着逃跑。

蝙蝠鱼脾气比较好，性格比较温柔，而且对很多新事物都很好奇。潜水员经常看到蝙蝠鱼在波浪中嬉戏，十分讨人喜爱。它可以吃大型的海藻团，所以有人利用蝙蝠鱼这一特性来保护珊瑚礁，使得珊瑚不会被大规模的海藻包围无法呼吸而导致死亡。

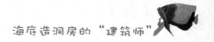

捕鼠器——鲇鱼

人类有句歇后语,说的是:狗拿耗子,多管闲事。不过,多管闲事的还不止狗,有一种叫鲇鱼的鱼,它也能捉拿耗子,简直是一个比狗还爱多管闲事的家伙。

鲇鱼又被人类称为胡子鲢或者塘虱鱼。它最大的特点就是全身没有一片鳞片,而身上表面却分泌很多黏液。鲇鱼长了一张大嘴,大嘴边上了还长了四根胡须。

鲇鱼分布区域甚广,除了南极、北极以外,几乎处处都能找到它的踪迹。全世界的鱼类大约有 2.3 万多种,鲇鱼家族的种类就占了3400 多种。

从外形等方面来看,鲇鱼也没有什么特别之处啊,那么它们是怎么来捕捉老鼠的呢?

猫捉老鼠靠的是速度,狗捉老鼠靠的是运气,那么鲇鱼捉老鼠靠的是什么呢? 靠的是骗术。

原来,鲇鱼和人类的作息时间不一样,却和老鼠一样,都是夜晚出来活动。在晚上,常常能在岸边看到一条伸出水面的尾巴,一动不

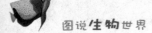

动地靠在海岸边,那尾巴有可能就是鲇鱼设下的陷阱。

为了能够吸引嗅觉灵敏的老鼠前来,鲇鱼身上还会散发着阵阵鱼腥味。老鼠也很狡猾,当它看到那条露出水面的鱼尾巴的时候,它或许认为那条鱼已经死了,但是它并不急于将那条鱼咬出水面,而是先用爪子试探性地拨动几下,看看鲇鱼有没有反应。

说老鼠狡猾,但鲇鱼比它更狡猾。当老鼠碰它的时候,它就是一动不动,装得像一条死鱼似的。这时候,老鼠看到鲇鱼不动,就用嘴咬着鲇鱼的尾巴,试图将它拽上岸。这时,鲇鱼看到老鼠上了自己的当,就使出全身力气,狠狠地甩动自己的尾巴,将老鼠拖入水中。

　　虽说老鼠也会水性，但毕竟是陆生动物，而鲇鱼是生活在水中的动物，在水中当然是鲇鱼占上风。所以，鲇鱼一旦将老鼠拖进水里，就会用它那锋利的牙齿，咬着老鼠往水里拼命地拽，直到老鼠因为不能呼吸而死亡为止。最后，老鼠成了它的美食。

忧伤鱼——水滴鱼

　　人在悲伤的时候才会表现出很忧伤的表情，海洋深处有一种鱼，天生就长着一副忧伤的表情，这种鱼叫水滴鱼。

　　水滴鱼属于辐鳍鱼纲鲉形目隐棘杜父鱼科的一种深海鱼类，一般生活在澳大利亚和塔斯马尼亚沿岸的海域，在 800 米深的海底中最为常见。由于人类的技术有限，很少能潜入到这么深的地方，所以人们见到水滴鱼的机会很少。

　　水越深，水的压强越大，而水滴鱼所在的深海压强可以超出水平面的几十倍。在这么强的压力下，很多鱼都不可能在水中自由地上下移动。

水滴鱼为了保持自身的浮力,体内长着比水的密度稍微小的胶状物质。物体的密度只要比水的密度小,就容易浮在水面。就像木头和铁一样,木头的密度比水小,所以很容易浮出水面,而铁因为密度比水大,所以要下沉。水滴鱼的身体构造的密度比水小,就可以轻易地在水中上浮了。

水滴鱼虽然没有肌肉,不能在水里很活跃,但是,这对水滴鱼来说不是大问题,因为水滴鱼不在乎。它在乎的是自己能不能吃饱饭,只要吃饱饭,就万事大吉了。它总是直接吞食自己周围的食物,根本不用操心整天东奔西跑地去寻找食物。

水滴鱼的孵卵方式也很奇特,就像老母鸡孵小鸡一样,雌鱼将卵产在海底之后,就趴在卵上,直到将幼鱼孵出为止。

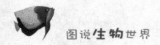
用嘴孵卵——非洲慈鲷

鱼孵卵的方式有很多种,有的用身体压着卵,有的直接将卵产在水中,并在周围看护着,以防被其他鱼吃掉。但是,非洲有一种叫慈鲷的鱼,却用嘴来孵卵。

慈鲷属硬骨鱼纲鲈形目慈鲷科(即丽鱼科),在世界鱼类种,可以说慈鲷科鱼类是进化最为成功的鱼种之一,遍布全球各大水域,共有约 200 属和超过 2000 种鱼种。在众多慈鲷品种中,最著名的当属非洲慈鲷,主要生活在非洲三大湖,即坦干依喀湖、马拉维湖、维多利亚湖。

非洲慈鲷的身长 4~26 厘米,身体颜色有金属般的光泽。它的性格比较活泼,常常和众多的同伴一起去寻找食物。它喜欢吃的食物主要有蜗牛、水草、藻类、浮游生物等。

慈鲷给人视觉上的感觉是五颜六色的,再加上平常被放在水缸里,还会和人有互动,已经成为观赏鱼类中比较受欢迎的一种。慈鲷

以它个人独特的魅力,赢得了不少水族爱好者的喜爱。

慈鲷怎么用嘴来孵卵呢?雌性慈鲷将卵产下之后,会将鱼卵含

进嘴里,直到孵出幼鱼,它再将这些幼鱼放进海水里。在孵化的整个过程当中,为了确保有更多的卵能够变成幼鱼,雌性慈鲷会依靠不断地呼吸来降低嘴里的温度,同时,也给幼鱼提供更多的氧气,以便幼鱼呼吸。

雌鱼为什么要将自己的卵含在嘴里孵卵呢?原来是为了保护这些卵不被天敌吃掉。如果有天敌想要偷吃它的鱼卵,除非把它吃掉,才能吃到它的卵,不然,天敌就别想打它鱼卵的主意。这样,它就可以完好地保护自己的鱼卵了。到时候,孵出的幼鱼自然也就多了。

既然雌鱼将自己的卵含在嘴里,那它怎么吃饭啊?其实,在孵卵的这段时间里,雌鱼也想吃饭,但是为了孵卵,它决定饿着。如果它真的吃饭的话,就会将自己的卵吃进肚子里。

你想,将自己的卵吃进肚子里,它能下得了这狠心吗? 所以,在雄鱼将找到的食物全塞进雌鱼嘴里的时候,雌鱼也丝毫不能有一点吞进肚里。这样,不但孵卵的雌鱼没吃到东西,连无私贡献的雄鱼也没吃到东西。为了孵卵,有可能它们一同在一个月内都不能吃东西。

人如果七天不吃东西,估计就会被饿死,而慈鲷可以一个月不吃东西,虽然不会饿死,但是肯定会变消瘦,而且会虚弱无力。这时候,也正是它最危险的时候。假如这时遇上天敌,它连逃跑的力气都没有了。最终的结局只会是被天敌咬伤咬死,或者被吃掉。

灭蚊器——食蚊鱼

　　大家都知道青蛙喜欢吃蚊子，一般情况下，青蛙会一动不动地潜伏在河边，一旦有蚊子靠近它，它就会伸出长长的舌头，将蚊子卷进嘴里吃掉。有一种鱼也可以捕捉蚊子。这种鱼就是食蚊鱼。

　　食蚊鱼居住在美国南部和墨西哥北部，以及零星地分散在我国长江以南各个水域中。

图说**生物**世界

食蚊鱼身体是长形的,稍微有些扁,有 15.5～37.5 毫米长。雄鱼体型细长,雌鱼腹部是圆凸状的。此类鱼都是头比较宽且短,眼睛很大,嘴巴很小,牙齿细小,全身都长有圆鳞。

蚊子都是飞在空中,而鱼生活在水中,那么,食蚊鱼如何才能吃到蚊子呢?

其实,这种鱼吃的不是飞在天空中的蚊子,而是蚊子的幼虫。蚊

子的卵一般产在水里,并在水里孵化,孵化出来的幼虫被称为孑孓,不具备飞行能力,但是能在水里生活,还能在水里游泳。由于孑孓的身体细长,胸部比头部和腹部还要宽大,游起泳来,一屈一伸。食蚊鱼就喜欢吃这种幼虫。

动物吃东西,一般都靠胃来消化,可是,食蚊鱼没有胃,消化道也很粗短,在捕食蚊子幼虫的时候只会狼吞虎咽。

食蚊鱼的捕食能力还不错,一昼夜能够吃到 40～100 只蚊子幼虫,最多的时候能捕捉到 200 只。如果说青蛙是陆地上的灭蚊器,那么食蚊鱼堪称水中的灭蚊器,食蚊鱼和青蛙可以称得上是人类的两个好朋友。

食蚊鱼对环境的适应能力非常强,即便生活环境恶劣,也能很快适应,所以河沟、沼泽、池塘、水田,甚至是假山水池里,它都能生活。食蚊鱼既能够在 5℃的水温中生活,也能在 40℃的水温中生活。食蚊鱼并非产自中国,在 1911 年才被引进到中国的台湾,又于 1924 年引进到杭州,并在杭州的西湖放养。现在在很多城市都能看到食蚊鱼了。

食蚊鱼的生殖能力比较强,幼鱼一般一个月能够性成熟,就可以繁衍后代了。此后,每 30～40 天能产一次卵,每次能产 30～50 尾幼鱼,按这个繁殖速度,一年就能生下 200～300 条幼鱼。

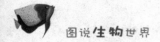

寄生虫——琵琶鱼

琵琶鱼,学名鮟鱇,俗名有结巴鱼、哈蟆鱼、海哈蟆等,它是一种生活在热带和亚热带海域的鱼。我国有两种琵琶鱼,即黑琵琶鱼和黄琵琶鱼。黑琵琶鱼主要分布在东海和南海海域;黄琵琶鱼主要分布在黄海、渤海及东海北部海域。

琵琶鱼的身体前半部分扁平呈圆盘形,尾巴长得像柱子一样,体长 0.4～0.6 米,体重在 300～800 克之间。琵琶鱼喜欢在黑暗的海底活动,游速比较缓慢,长着一张大嘴,是个超级大胃王。

琵琶鱼的食性较杂,它最喜欢吃的是各种小型鱼和幼鱼,偶尔也会换换口味,吃一些无脊椎动物或者海鸟。它还会利用自己身上的刺来引诱猎物。它将头上的鳍刺装扮成诱饵,然后将背鳍上面的刺伸直,看起来像是一个钓竿,如果猎物靠近,想要吃诱饵,琵琶鱼就会猛扑上去,咬住猎物,一口将其吞进嘴里。

在鱼类的家族中,琵琶鱼是最让科学家感到困惑的一种鱼,因为在他们见过的琵琶鱼当中,几乎没有见到过雄性琵琶鱼,只能看到雌性琵琶鱼,这是为什么呢?

科学家就纷纷猜测，难道琵琶鱼像植物一样能够进行无性繁殖吗？带着疑问，科学家在科学实验室里埋头研究。功夫不负有心人，科学家最终研究出了琵琶鱼的生殖方式了，原来琵琶鱼身体上寄生着一种很小的"虫"，这种寄生虫就是雄性琵琶鱼，没想到雌性琵琶鱼比雄性琵琶鱼大那么多，简直让人难以相信！

　　难道雄性琵琶鱼一生下来就寄生在雌性琵琶鱼身上吗？事实并非如此。雌性琵琶鱼和雄性琵琶鱼是各自出生的，并不是雌性琵琶鱼一生下来身体中就带着雄性琵琶鱼。雄性琵琶鱼生下来后的头等大事便是寻找雌性琵琶鱼，并把自己的生命托付给雌性琵琶鱼。如

果不能在自己身上的脂肪消耗完之前找到雌性琵琶鱼，它就会因为没有东西可吃而被饿死。它没有捕食的能力，即便能捕捉到食物，它也没有完善的消化系统让食物消化，只能靠吸食雌性琵琶鱼的血液生存。

那么，雄性琵琶鱼是怎么找到雌性琵琶鱼的呢？又是怎么寄生在雌性琵琶鱼身上的呢？

其实，雄性琵琶鱼虽然身无是处，但是它有一个优点，就是嗅觉很发达，能够在很远就能闻到雌鱼身上散发的信息素，依靠这些信息素，雄鱼就能找到雌鱼。雄鱼一旦见到雌鱼，就像见到大救星一样，上去就咬着雌鱼不放，然后从口中分泌出一种消化酶，把雌鱼的肉慢慢地化开，随着化开的肉，雄鱼越咬越深，直到雌鱼露出血管为

止。接下来,雄鱼就将自己的血管和雌鱼的血管融合到一起,进而,雄鱼就可以通过雌鱼血液中的营养来维持自己的生命了。

　　或许你会问,在雄鱼咬破雌鱼肉体的时候,雌鱼不会疼痛吗?为什么还要让它咬呢? 其实,由于雄鱼太小了,在咬破雌鱼肉的时候,

雌鱼不但不会感觉到痛,甚至有时候连雄鱼什么时候咬自己的都不知道。

　　在雌鱼体内的雄鱼,身上的消化器官逐渐地退化,直到眼睛、心脏,甚至是大脑等器官退化得只剩下皮肉和一对发达的生殖腺。就这样,雄鱼和雌鱼似乎就融为一体了。一到雌鱼要排卵的时候,雌鱼血液中的雌性激素分泌就会增多,和雌鱼血管相连的雄鱼很容易感受到雌鱼血液浓度的变化,它会在适当的时候排出精子,给雌鱼受精,雌鱼的卵子遇到雄鱼的精子,就能产生受精卵,之后,受精卵就会发育成幼鱼。

嘴对嘴——接吻鱼

　　有一种鱼,只要见到它的同类,就会嘴对嘴地接吻,想必很多人都会认为它们是一对小情侣,但是事实上它们不但雌性和雄性之间见面了进行接吻,雄性与雄性之间或者雌性与雌雄之间见面了,也会进行接吻,这种热衷于接吻的鱼就是接吻鱼。

　　接吻鱼又叫桃花鱼、亲嘴鱼、吻鱼、吻嘴鱼、香吻鱼、接吻斗鱼等。它的故乡在遥远的东南亚的爪哇岛和婆罗洲,体长大约有两三厘米,身体呈长圆形。身体的颜色有的呈浅红色,有的呈银灰色或蓝

绿色,有的呈肉白色。头和嘴都比较大,嘴唇是又大又厚,眼睛也大大的,还有黄眼圈。它还长着像锯齿一样的细小牙齿。它的背鳍和臀鳍相对来说都是比较长的,从鳃盖的后缘起一直延伸到尾柄,尾鳍

的后缘中部微微地凹了进去。

接吻鱼为什么如此热衷于接吻呢?

有的科学家认为,这可能跟人类一样,是向对方示爱的表现。但是,它们总不能也向同性示爱吧?

另一些科学家认为,这可能是一种打斗,看谁坚持的时间长,坚持时间长的那一方,就是赢的一方。因为接吻鱼保卫领土的意识比较强烈,所以,如果两者相遇了,就会用接吻的方式来决定谁才是这个地盘的拥有者。如果一方不能够长时间地接吻,就会自动退出这个领地,让对方接受这里的地盘。

还有科学家猜测,这可能是接吻鱼见面时候的礼节,它们之所以会一见面就接吻,是因为它们把接吻当成是两者之间的问候,就像欧美国家的人一样,一见面就会拥抱,也与中国人一见面就握手相似。

但是,有些科学家发现,这种接吻鱼不但喜欢和同类接吻,还喜欢和苔藓或者青苔"接吻"。所以他们就认为接吻鱼接吻的现象可能是一种习惯。

科学家各有各的观点,但是谁也拿不出让人信服的证据,所以,如果想弄清楚接吻鱼到底是为什么热衷于"接吻",还有待进一步的研究。

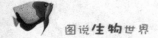

洁癖症患者——鳗鱼

　　大家都听说过洁癖症吧?所谓洁癖,就是爱干净爱过了头,爱干净原本是一个好习惯,但是过于爱干净,可能会影响到正常的学习、生活、工作,还有和朋友的交往等。人类中有洁癖症患者,那鱼类中有没有洁癖症患者呢?

　　有,鳗鱼就是洁癖症患者,它喜欢居住在清洁、没有半点污染的地方。它可以说是鱼类中最爱干净的水生物了。

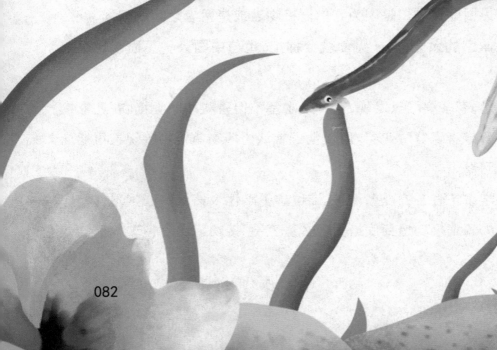

鳗鱼又称白鳝,分布十分广,在全世界几乎都能找到它的同类,主要集中在热带和温带水域,中国的长江、珠江、海南以及江河湖泊中都有它的身影。它的形状和蛇一样,身体长长的,没有鱼鳞,但是有鱼类的特征,所以就被归到鱼类中了。

　　鳗鱼除了爱干净,还有一个特长,那就是可以根据环境情况变换自己的性别。如果食物充足了,鳗鱼就会变成雌性,如果食物不充足,鳗鱼就会变成雄性。为了能够繁衍后代,如果族群数量很少的话,雌鱼就会增多;如果族群的数量多的话,雌性相对来说就会减少,这样可以保证有更多的雌性来孕育下一代。它一生之中,只能产一次卵,产完卵之后,便会死亡。

　　鳗鱼小的时候在河川中生活,长大后,在繁殖的季节,就会游到远在几千千米的海洋中去产卵。人类还无法给鳗鱼制造出它需要的产卵环境,所以,目前人工培育鳗鱼幼苗还不能实现。

鱼大夫——霓虹刺鳍鱼

人类会生病,鱼类同样也会生病。不要以为只有人类才有医生治病,鱼类同样也有医生可以为鱼类家族治病。有一种鱼可以包治百病,它就是鱼类中被称为"神医"的霓虹刺鳍鱼。

霓虹刺鳍鱼属辐鳍亚纲鲈形目凹尾塘鳢科的一种小型鱼类,它有这诸多非同寻常的称号:清洁鱼、鱼大夫、鱼医生等。

霓虹刺鳍鱼是一种色彩极为鲜艳的鱼类,它们生活在澳洲东部的海洋当中。而它们的"医疗站"一般设在珊瑚礁之间,每天都会有很多病鱼前来就医,霓虹刺鳍鱼大夫忙得不亦乐乎。

霓虹刺鳍鱼大夫有什么妙招可以医治百病呢?它的治疗工具是什么呢?给病鱼开什么药方呢?其实霓虹刺鳍鱼的"医疗工具"就是嘴,如果有病鱼被细菌感染了伤口,或者体内有寄生虫,甚至是身上的组织坏死,它们都会来找霓虹刺鳍鱼。

霓虹刺鳍鱼会让病鱼张开大嘴,然后钻进病鱼的嘴里,用嘴帮助病鱼清除病菌,不久之后,病鱼就会感觉好多了,然后舒舒服服地走了,还不需要付任何医疗费。

或许你会担心，来看病的大鱼会不会把霓虹刺鳍鱼吃掉啊？其实这种担心是多余的。因为如果那些鱼敢把霓虹刺鳍鱼吃掉，它们身上的疾病就会在海里蔓延，会导致更多的同伴死亡。所以它们不会吃。

　　当霓虹刺鳍鱼遇到天敌的时候，"病鱼"还会将霓虹刺鳍鱼吞进口中保护起来，避免霓虹刺鳍鱼被其他鱼吃掉。等霓虹刺鳍鱼的天敌走后，它们才会张开嘴将霓虹刺鳍鱼放出来。据海洋生物学家观察，一条霓虹刺鳍鱼在 6 个小时内可以治好 300 多条病鱼，简直是太神奇了。

霓虹刺鳍鱼免费为大家治病，它也会收取"诊费"的，霓虹刺鳍鱼收取的"诊费"就是它从患者身上清除的细菌、寄生虫以及腐烂的组织，这些都能成为它的食物，这些食物虽然很特别，但都是维持霓

虹刺鳍鱼生存的必要之物。既帮助了其他鱼，又能吃到食物，这种一举两得的事，何乐而不为呢！

这个有趣的现象，在生物学上叫做共生现象。只不过发生在霓虹刺鳍鱼与其他大型鱼类身上的事情，更像是"医生"与"患者"之间的故事。因此霓虹刺鳍鱼有"鱼大夫"、"鱼医生"之美称也就自然而然了。

更有趣的一个现象是，霓虹刺鳍鱼属于群居动物，并且是"一夫多妻制"的大家庭，其首领通常由一条强壮的雄性鱼作为一家之主。当有大鱼"病家"光临时，雄性霓虹刺鳍鱼首领会约束群体中雌性鱼的贪婪行为。

我们知道，既然是去别的鱼口里找食物吃即等于治病，但是，并不能保证每一个成员只遵守只吃寄生虫，而不偷食大鱼病家牙齿间的肉。一旦有偷吃大鱼病家的行为发生，将失掉更多的大鱼病家，霓虹刺鳍鱼家族将会无法获取食物来源。

面对这一问题，雄性霓虹刺鳍鱼首领有什么办法保证众多雌鱼不违反规则吗？假设有雌性鱼偷吃了大鱼客户的肉，那么，这条雌鱼将会面临着严重的惩罚，比如禁止再吃食物等。当然，雌性鱼面对惩罚采取的态度是纠正自己的错误行为，并会为一些大鱼病家提供更好的服务，以功抵过。

水中熊猫——鲟鱼

鲟鱼是一种比较古老的生物物种,在白垩纪(距今 1.45 亿年~距今 0.65 亿年前)时期就已经在地球上出现了,因此,被称为"水中活化石"。

目前,世界上的鲟鱼种类仅有 30 种,其中欧洲有 12 种,亚洲有 11 种,北美洲有 7 种。在亚洲的 11 种中,有 8 种生活在中国,其中 3 种生活在新疆,2 种生活在黑龙江,2 种生活在长江,1 种生活在长江和珠江的海域之中。

鲟鱼属于大型鱼类,其体长可达 0.5~7 米,体重可达几十千克到几百千克。目前,鲟鱼类中的欧洲鳇体重可达 1600 千克,生活在中国的中华鲟体重可达 600 千克。它们的头为犁形,身体为黑灰色,腹部为白色,尾巴略有歪斜,体背上长有 5 行骨板。因为其体型在鱼类当中非常奇特,无论是幼鱼还是成鱼,都可以当成观赏鱼来喂养。

鲟鱼对生活环境要求非常严格,它们喜欢生活在具有流动性的水域当中,因为那里水的溶氧量相对来说比较多,而且水温偏低。它

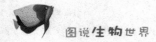

们属于底栖无脊椎动物,大多时间生活在具有砾石的海底。鲟鱼是食肉性动物,它们幼小的时候,常常会捕捉浮游生物为食;等它们长大之后,开始捕食甲壳类、软体动物以及小型鱼类等。

如今,由于人类造成的水污染、江河筑坝以及过度捕捞等原因破坏了生态系统的平衡,导致鲟鱼数量逐年减少,甚至已经达到濒临灭亡的境地。由于鲟鱼自身的珍贵以及数量的稀少,所以鲟鱼又被称为"水中熊猫"。

为了防止鲟鱼灭绝,多数国家开始大量地人工养殖,其中人工养殖的种类主要有闪光鲟、短吻鲟、俄罗斯鲟、中华鲟、欧洲鲟等 10 余种。

亚洲美人鱼——胭脂鱼

胭脂鱼属鲤形目吸口鲤科(亚口鱼科),又被称为火烧鳊、木叶盘、红鱼、紫鳊、燕雀鱼、中国帆鳍吸鱼等。现存的胭脂鱼约有 14 属,80 种。它们大多分布在北美洲,而在中国分布的仅有一种,主要生活在长江上、中、下游,也有少量分布在福建等地。

胭脂鱼的嘴巴短小,且为马蹄形;嘴唇非常厚,富含肉质;体型侧扁,呈深褐色、淡红色或黄褐色,且长有 3 条黑色横条纹;背鳍上叶为灰白色,下叶为灰黑色,起点处向上隆起,长长的基部延伸至臀鳍基部的后上方。臀鳍短小,尾鳍为叉形;从吻端到尾基长有一条胭脂红色的宽纵带,因此,被称为胭脂鱼。

由于胭脂鱼外形看起来十分美观,所以,亚洲地区的人们就称它们为"亚洲美人鱼"。

胭脂鱼的生殖方式为卵生。每年的 2 月中旬,性腺接近成熟的雄性胭脂鱼和雌性胭脂鱼会游到上游,然后在湍急的河水中进行交配。孵化出来的幼鱼体形奇特,色彩鲜艳,游泳姿态文静,因此,还被称为"一帆风顺"。

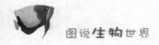

　　幼鱼生长速度极快,在仔鱼期体长只有 1.6～2.2 厘米,到了幼鱼期可达 12～28 厘米,到了成鱼期就可以达到 58～98 厘米,体长最长的可达 1 米,体重最大的可达 30 千克。从幼鱼长成成鱼的这个期间内,它们身体的颜色也在不停地发生改变,幼鱼为深褐色,成鱼为暗褐色、淡红色或黄褐色。此外,胭脂鱼还会根据心情的好坏来变换身体的颜色。

幼鱼和成鱼生活的环境并不相同,幼鱼喜欢群居生活在水流速度比较缓慢的砾石地带,多活动于水体的上层,而成鱼大多生活在水流速度极快的江河地带,多活动于水体的中下层。

　　胭脂鱼适应环境的能力非常强,而且自身具有抗病能力,它们很少患病。或许就是因为胭脂鱼具有抗病性且成鱼生长速度缓慢的原因,才使得它们的寿命变得非常长,最长者可达 25 年。

　　胭脂鱼属于杂食性动物,每天摄食的次数非常高。它们最喜欢吃的食物有丰年虾、红蚯蚓和蔬菜。如今,我国的胭脂鱼的数量非常稀少,胭脂鱼已经被国家列为二级野生保护动物了。

最不怕冷的鱼——南极鳕鱼

南极鳕鱼生活在南大洋附近的海域，那里的水非常寒冷。对于大多数鱼来说，很少有能够生活在 0℃以下水温中的，但是，南极鳕鱼却非常耐严寒，能够生活在 −1.87℃的水温中。因此，南极鳕鱼又被称为是"最不怕冷的鱼"。

南极鳕鱼为什么不怕寒冷呢？原来，南极鳕鱼的血液中含有一种叫抗冻蛋白的特殊生物化学物质，抗冻蛋白分子能够在南极鳕鱼的体内不断地扩散，降低鳕鱼体液的冰点，从而避免了鳕鱼体液被冻结成冰。所以，南极鳕鱼才能够在冰冷的海水里灵活地游动，冻而不僵。

南极鳕鱼的头非常大，嘴为圆形，身长约 40 厘米左右，体重可达几千克；体色为银灰色，并带有黑褐色斑点。最出奇之处是，南极鳕鱼的血液里没有血红蛋白，它的血液呈灰白色。

南极鳕鱼和大多数的鳕鱼种类一样都属于食用鱼，因为其肉质十分鲜美并含有较高的营养物质，从而成为人类餐桌上一道美味佳肴的食材来源。

眼睛长在一侧的奇鱼——比目鱼

比目鱼又叫鲽鱼、板鱼、偏头鱼、獭目鱼、塔么鱼，属新鳍亚纲鲽形目。它的身体上覆盖着紫白色的鱼鳞，排列得极其细密。由于比目鱼的身体构造比较独特，它只有一条背鳍，而且这条背鳍从头部一直延伸到尾鳍。

比目鱼最大的特点就是两只眼睛长在身体的同一侧，因此才被称为比目鱼。有眼睛的一侧有颜色，而无眼睛的一侧为白色。

刚孵化出来的比目鱼幼体，双眼并不是长在身体同一侧的，它们和大多数鱼一样，双眼对称地长在身体的两侧。但是，经过20多天左右，它们的形态开始发生了巨大的变化，其中一只眼睛开始"移位"，移到身体的另一侧。眼睛之所以能够移动，是因为两眼之间的软骨逐渐地被身体所吸收，所以眼睛才能在毫无障碍的情况下移到另一边。

由于比目鱼体内器官的构造发生了变化，曾经喜欢生活在水体上层的比目鱼不再适合以往的生活了，只能生活在热带或寒带水域的沙质海底，并以海底的小鱼虾为食。

海中鸳鸯——蝴蝶鱼

蝴蝶鱼又被称为热带鱼,是鲈形目蝴蝶鱼科的一种鱼类。蝴蝶鱼主要生活在太平洋、东非至日本等海域。

蝴蝶鱼游泳的姿态如蝴蝶飞舞一般,所以才被称之为蝴蝶鱼。它们的身体侧扁,体长约 20 厘米,体色大多为黑色或黄色,且长有一个或多个眼状斑。雄性蝴蝶鱼和雌性蝴蝶鱼的身体结构及体色有所不同,所以可以通过身形以及体色来判断它们的性别。雄性蝴蝶

鱼的鳍膜非常短,鳍条突出为长须状,体色非常深,而雌性蝴蝶鱼的身上长有非常明显的不规则花斑。

蝴蝶鱼属于小型珊瑚礁鱼类,它们经常穿梭在五颜六色的珊瑚群中。为了适应周围的环境,它们还有一个神奇的本领,能够根据周围环境的颜色来改变自身的颜色。有了这项绝技,当它们遇到天敌的时候,就可以隐藏自己。

蝴蝶鱼为什么能够改变自身的颜色呢?原来,蝴蝶鱼的身体表

层长有大量的色素细胞，这些细胞由神经系统控制，当色素细胞进行收缩或扩张的时候，蝴蝶鱼身上的颜色就会发生变化。

蝴蝶鱼改变体色需要的时间非常短，一般只需要几分钟，但是，有些蝴蝶鱼在几秒钟内就能将全身的颜色给改变过来。

蝴蝶鱼保护自己的方法不仅仅局限于善用保护色，有时它还善于利用自身的形态结构来进行伪装。一旦遇到天敌，蝴蝶鱼会将自己的眼睛隐藏在身体上的黑色条纹当中，然后在尾柄处或背鳍后伪装出一只非常明亮的"眼睛"。天敌在发动攻击的时候，一般都是先攻击头部，当它们看到蝴蝶鱼伪装出来的"眼睛"时，就会朝着那只"眼睛"攻击过去。这样一来，天敌就会上当，而蝴蝶鱼可以趁机逃之夭夭。

蝴蝶鱼的胸鳍非常发达，能够像飞鱼一样跃出水面，进行捕食。跃出水面的蝴蝶鱼看起来像一只翩跹起舞的蝴蝶。蝴蝶鱼的捕食速度非常快，一般情况下，它们喜欢顺着水流游动，一旦遇到水面上飞舞的昆虫，它们就会跳出水面，以迅雷不及掩耳之势将昆虫捕获。

蝴蝶鱼非常恩爱，一旦结为夫妻，它们便终生相伴。所以，在海洋中会经常见到两只蝴蝶鱼成双入对地出现，因此，被称为"海中鸳鸯"。这对鸳鸯配合非常默契，当其中一条蝴蝶鱼在吃食物的时候，另一条蝴蝶鱼就会在周围警戒，让伴侣吃一顿放心饭。

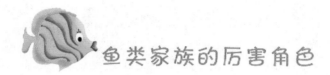 **鱼类家族的厉害角色**

关键词：食人鱼、大白鲨、海鳝、寄生鲶鱼、蝠鲼

导　读：别小看鱼类，一些鱼却拥有强大的攻击力,对于靠近它的猎物或者其他物种进行致命的攻击。

水中狼族——食人鱼

食人鱼在水中堪称是水中狼族，它们喜欢像狼一样一起攻击猎物。平时，它们以鱼为食，如果饥饿了，就会一起攻击在水里的牛、马等大型动物，常常几分钟内就可以把捕捉的猎物吃得只剩下一堆骨头，可见这种食人鱼有多凶残。

食人鱼又名食人鲳。它们主要生活在巴拉奎河和亚马逊河流域，体长一般在 15～25 厘米，最长可达 50 厘米，身体粗胖，牙齿如刀片一样锋利，背部为鲜绿色，腹部为鲜红色，身体侧面还有斑纹。一年可以繁殖很多次，每次可以产卵 3000～5000 粒，一般情况下，卵在受精之后，两天便可以孵出幼鱼。

食人鱼的视觉很差，主要是根据铁饼一样的体型来分辨是不是自己的同类。虽然视力差，但是它可以利用自己灵敏的听觉，以及对水波震动的敏感性来寻找猎物。

食人鱼天性凶残，喜欢群居，群居的时候有几百条，也有上千条。因为在对猎物发动攻势的时候，可以依靠群体的力量，打败比它们自身大几倍甚至是几十倍的动物。所以，食人鱼每次行动都是成

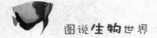
群结队的。

　　每个食人鱼鱼群当中都会有一个首领，一旦发现目标，它们就会在首领的带领下对目标采用车轮战，一个接一个地对目标发动攻击。它们首先会咬猎物的致命部位，像眼睛、脖子、尾巴等。它们排着队，前面的咬过之后，让开，让后面的接着咬，依次轮流着撕咬猎物。它们咬着猎物的肉体不放，扭动着身体，可以把猎物身上的肉一块块地撕裂下来，一口可以从猎物身上扯下 16 立方厘米的肉。在巴西的一个河流里，每年大概有 1200 头牛被食人鱼吃掉。

　　正所谓一物降一物，别看食人鱼对付别的动物有一套，但是对付电鲶和刺鲶就显得力不从心了。

　　电鲶原产于刚果河，身体呈圆筒形，且体表无鳞片，头尖眼小。但是，这种鱼最大的本领就是能在瞬时间放电。电鲶发出的电十分强大，一次放电通常在 60～80 伏左右，有效范围半径约 6 米。在水中，它可以电死很多水生动物，包括食人鱼。这样一来，它也成了食人鱼的天敌。

　　除了电鲶以外，食人鱼还有一个敌人，就是刺鲶。刺鲶也生活在亚马逊河，它是一种全身都长刺的鱼。刺鲶与食人鱼的搏斗是靠奇招来取胜的。刺鲶遇到食人鱼以后，会迅速地游到最下面的那条食人鱼下，跟着食人鱼一起游泳，食人鱼往哪游，它就往哪游，食人鱼

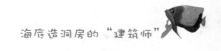

快,它就更快。

如果食人鱼想对它发动进攻, 它马上就会将自己身上的刺张开,这些尖尖的刺,使食人鱼无从下口。

也正是因为电鲶和刺鲶这两种鱼的存在,所以无论食人鱼有多么猖狂,它们都不可能称霸水世界。这可能是食人鱼最大的遗憾了。

海洋杀手——大白鲨

鱼类中还有一种鱼让人类望而生畏,这种鱼十分凶猛,不但攻击游泳、潜水、冲浪的人,还会攻击人类的渔船。它就是大白鲨。

大白鲨生活在温带和热带海域,最大的可达 6.4 米长,体重 2600 千克,身体一般是灰色、淡褐色或者淡蓝色的,腹部一般都是淡白色的,背部和腹部体色差别十分明显。乌黑的眼睛,冷艳的体色,锋利的牙齿,都让人不寒而栗。

它虽然叫大白鲨,却不是全白,只有腹部才是灰白色的,背部是暗灰色的。这些颜色都和它生活的环境有关。如果从上面往下看,它背部的黯灰色和海面极为相似;如果从下面往上看,它们灰白色的腹部又和带着光亮的水面极为相似。这为大白鲨避免了很多不必要的麻烦。

大白鲨不仅长得很不一般,连吃的食物都很不一般。它竟然敢吃大型的海狮,和它体重相似的海象、海豹,甚至连即将死亡的巨大的须鲸都敢吃。

大白鲨有着其他鱼无法比拟的嗅觉和触觉,即便是被稀释成五百分之一浓度的血液,它都能在 1 千米以外闻到,并以每小时 40 千米的速度赶过去。

由此看来,大白鲨实在太可怕了,万一哪条小鱼在 1 千米以外受伤了,流出一点血,估计就性命不保了。

这还不算最可怕的,最可怕的是,它可以观察出生物肌肉收缩所产生的微小电流,判断出该动物的体型、运动情况,甚至情绪的变化。

大白鲨不仅具有敏锐的嗅觉和触觉,还具有很不一般的武器,

105

这个武器就是它们的皮肤。

大白鲨的皮肤不是光滑的,上面布满了小小的倒刺,如果轻轻地碰你一下,都会让你鲜血直流。大白鲨生下来的那一刻,就具备了这么厉害的杀伤性武器,因此在海洋里可以呼风唤雨,无鱼敢招惹它!

这么凶猛的鱼类,会有天敌吗?它还真没有天敌。不过,有"海洋霸主"之称的虎鲸可以与大白鲨相抗衡,如果它们打一架,还真不能确定谁胜谁负呢!

海洋绿巨人——海鳝

海鳝十分凶猛,长着锋利的牙齿和大嘴,一般情况下,它是不会主动攻击人类的,但是,如果有人胆敢侵犯它的地盘,它就会果断出击。即便是它的天敌来侵犯它,它也能让天敌遭受重创,可见它有多么的凶狠。

海鳝主要生活在热带和亚热带的海洋,喜欢居住在浅海或一些暗礁中,这样可以隐藏自己。它全身长着鲜艳的色彩或者斑纹,体长有 1.5 米,最长的可达 3.5 米。它的皮肤很厚,并且光滑,没有鳞覆盖,嘴也比较大,而且是裂开的,内有锋利的牙齿,就是一副凶神恶煞的样子。

海鳝虽然凶猛,却像是一位隐士,常常隐藏在礁石的山洞中或海底的凹地中,过着隐居的生活。如果你不去刺激它,它还是比较温和的,其行动也是比较迟缓,但一旦受到刺激,它就会向你发动攻击,暴露出它凶恶的一面。听说过海豹吧?这是一种很凶猛的动物,但是海鳝却不怕它,如果海豹敢于和它争夺食物,它就会和海豹拼命。海鳝的食物单上还有章鱼。当它遇到章鱼时,会对其发起猛烈进

攻,直到掠夺到章鱼为止。更为厉害的是,当海鳝咬住食物的时候,它可以从牙齿周围分泌出毒液，并将毒液注入被它咬伤的伤口,中毒者很快便会死掉,并成为它的美餐。如果人被它咬到的话,伤口可能会被它牙齿上含有的细菌所感染,导致受伤处很难愈合。

　　既然海鳝能够释放出毒素,说明它身体上有毒,但是,有很多人不顾海鳝身体上的毒,非要吃海鳝,导致因为误食海鳝而引发一些疾病,甚至死亡。因此,在吃海鳝的时候,要十分谨慎。不能因为贪吃,而把命给搭进去了。

109

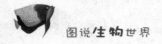

吸血鬼——寄生鲶鱼

传说中的吸血鬼专门吸食人类或动物的血液,鱼类中也有这样靠吸食其他动物的鲜血来维持生命的,这种鱼名叫寄生鲶鱼。

寄生鲶鱼是属于鲶形目毛鼻鲶科的一种小型鱼类。它的身体很小,短的不到 1 厘米,最长的才有 15 厘米,全身像水一样透明,隐藏在水中很难被发现。它们主要生活在亚马逊河流域。

寄生鲶鱼大多数时间寄生在大鱼的鳃中。一旦遇到大鱼,它就会用它的棘钩住大鱼鱼腮,吸食大鱼的鱼血。只要大鱼有血供它吸取,它一辈子都不用再去寻找食物了,所以人们又称其为"吸血鬼鱼"。

寄生鲶鱼不仅能吸食鱼类的鲜血,也能吸食人类的鲜血。

如果人赤裸着身体在水中游泳的话,寄生鲶鱼可以通过你的尿道,钻进你的身体,就像平常大家在河里游泳遇到的蚂蝗一样,钻进你的身体内,并长久寄生在里面,依靠喝你的血液生存。如果发现及时,可以通过手术将它取出来;如果发现不及时,人就会不治而亡。

在众多寄生鲶鱼当中,一种名叫 ASU 寄生鲶鱼最让人类恐惧,

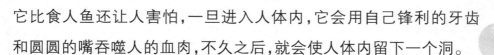

它比食人鱼还让人害怕,一旦进入人体内,它会用自己锋利的牙齿和圆圆的嘴吞噬人的血肉,不久之后,就会使人体内留下一个洞。

同时,钻进人体内的寄生鲶鱼,通过大量食用人体的血液和肉,迅速生长个头。这是一件令人非常恐怖的事情。

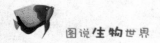

护卵的鱼——六须鲶鱼

　　六须鲶鱼，又名欧洲鲶鱼。它主要分布在东欧和中亚地区，并且喜欢生活在植被丰富的湖泊、缓慢河流水域里，同时，还会找一些河床的洞穴作为自己的藏身之所。

　　六须鲶鱼，身长可达 5 米，全身没有鳞片，头比较宽，长着一张大嘴，嘴里都是一些细细尖尖的牙齿，上下颌都长着长长的胡须，这些胡须可以帮助它捕捉食物，即便在十分浑浊的水中，只要是它的胡须碰到的猎物，它就能将猎物捕获。有时，它也会利用自己的胸鳍，在水中制造漩涡，让猎物失去方向，然后张开大嘴，将猎物吸进自己的嘴里，再一口吞下去。

　　六须鲶鱼的寿命很长,可以活到 80 岁。它的身上有一种侧线,可以用于观察水中的信号,如果水生动物在它的附近,它都能发现。

　　六须鲶鱼食性较杂,螺类、昆虫、甲壳类、龟、鱼、鼠、水鸟、蛇等,都能成为其美食。

　　到了繁殖季节,六须鲶鱼会在水草中筑巢产卵,一次产卵量可达 30 万粒。值得一提的是,六须鲶鱼有护卵和护巢的习惯,如果被它探知有鱼类或者淡水虾靠近它的卵或巢穴的时候,它都会发动进攻——因为有些鱼类和虾类常常以鱼卵为食。

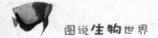

以电攻击——电鳗

电鳗主要生活在南美洲亚马逊河和圭亚那河流域,它的身长在2米左右,体重可达20千克,体型又粗又圆,表面光滑无鳞,背部是黑色的,腹部则是橙黄色,没有背鳍和胸鳍,但有特别长的臀鳍。

电鳗的主要特点就是可以发电,这与它的身体构造有很大关系,它的身体是由很多的电板组成,并在身体两侧的肌肉内藏有发电器。它的头部的电荷为负极,尾部的电荷为正极,电流就从电鳗的尾部流向头部。如果遇到危险的时候,电鳗会将自己的头部和尾部同时触及对方身体,对方就会有一种触电的感觉。

电鳗的这种特异功能不但使它能够逃避敌害，还可以捕捉食物。一旦遇到它想吃的小鱼、小虾，它就会释放出电流，将鱼虾电晕或者电死，然后把它们吃掉。像牛、马这样的大型动物，如果不小心在水里遇到电鳗，也会被它击晕。

凭着这个特殊的本领，电鳗在生物复杂、环境恶劣以及诸多凶猛的生物横行的亚马逊河和圭亚那河流域里，可以自由自在地生活，并且可以对其他生物主动发起进攻。

水下魔鬼——蝠鲼

蝠鲼又名魔鬼鱼,是软骨鱼纲鲼科鱼类。它是原始鱼类的代表,大约在1亿年以前就出现在地球上了。

蝠鲼身体扁平,其宽度大于长度,宽度可达8米,长度可达7米,体重可达3000千克,身上长有强健有力的胸鳍,像鸟类的翅膀一样,有助于它在海面上滑翔。它的尾巴细长,像一条长长的鞭子,上面长有一根或多根毒刺。

蝠鲼主要分布在热带和亚热带海域,它常常以水里的浮游甲壳动物和小型鱼类为食。平时,它总是悠闲自在地在水里游来游去,等饥饿的时候,它就会游到珊瑚礁附近寻找食物。

每年的12月到第二年的4月是蝠鲼的繁殖季节。雄性蝠鲼和雌性蝠鲼交配之后能够产下1~2枚卵。交配完成之后,雄性蝠鲼就会离开。受精卵在雌性蝠鲼的体内需要经过13个月的孵化才能成为幼鱼。幼鱼适应环境的能力特别强,出生不久就可以独立生活。一般来说,蝠鲼平均寿命大约可以达到20岁。

蝠鲼虽然被当地人称为"水中魔鬼",但是,它并没有想象中的那么可怕,而当地人之所以给它取了这么一个可怕的名字,其实是因为它的外形长得很可怕,它本身却是一个性情温和的动物,从来不会主动攻击大型鱼类或人类。不过,如果谁一旦激怒了它,它也会给对方致命的打击。

蝠鲼的攻击力到底强大到什么程度呢?它的攻击力大到海洋中最凶猛的鲨鱼都要让它三分,而且它还可以在瞬间击沉一艘小船。

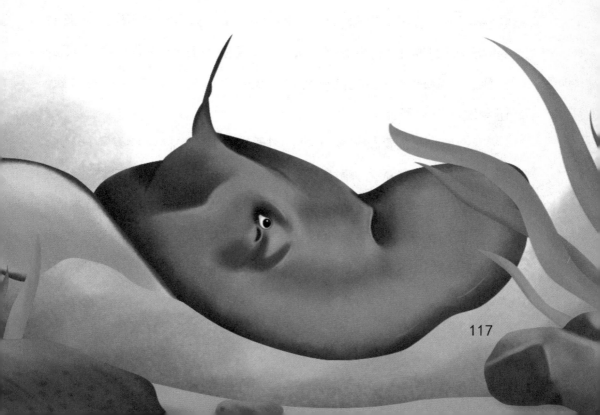

如今，很多潜水员都不敢靠近蝠鲼了，因为它一旦发怒起来，就会用鱼鳍拍打潜水员，其攻击力足以拍断潜水员的骨头，使潜水员丧命于大海。经常在海上航行的人都知道，蝠鲼喜欢恶作剧，它常常用鱼鳍拍打船底，使船发出"啪啪啪"的声响，这让船员感到十分不安，生怕船被"水下魔鬼"掀翻。

　　蝠鲼能够像体操运动员一样进行"空翻"。如果你经常在海上航行，会发现有一种巨大且带着长尾巴的动物像展翅飞翔的鸟一样在海面上滑翔，这种动物就是蝠鲼。我们知道，蝠鲼的身体非常巨大，它又是如何能够跃出水面的呢？起初，蝠鲼会在海底螺旋形上升，等它快要到达水面的时候，就会加快旋转速度以及游泳速度，依靠着身体形成的冲击力，跃出水面，同时，还能够在空中进行 360 度的空翻。它能跳出水面的高度可达 1.5～2 米，当它落入水中的时候，还会发出一声巨响。

　　蝠鲼为什么要跃出水面呢？对于这个问题，科学界有不同的解释。一些科学家认为，蝠鲼只有在繁殖的季节为了吸引异性才会跃出水面。另一些科学家认为，蝠鲼在捕捉食物的时候才会跃出水面。不过，目前大多数科学家比较认同蝠鲼是为了甩掉身上的寄生虫和死皮才会跃出水面。这种行为可以看做是蝠鲼进行自我清洁的一种方式。

鱼类"毒"步江湖

关键词：石头鱼、狮子鱼、三色刺蝶鱼、洛氏刺尾鱼、黄貂鱼、扳机鱼、金鼓鱼、毒棘豹蟾鱼

导　读：鱼类种类至多，有毒鱼类不下千种，其分布区域也很广泛，其中，印度洋和太平洋水域，以及非洲东部和南部、澳大利亚、玻利尼西亚、菲律宾、印度尼西亚和日本南部等区域的海岸线附近生活的有毒鱼类最多。

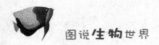

无毒不丈夫——石头鱼

在毒鱼界中,最为有名的鱼莫过于石头鱼了。

石头鱼属鲉科石头鱼属毒鲉鱼族,它的学名叫"玫瑰毒鲉",有此名称皆因它的身上像玫瑰一样长有刺。石头鱼生活的地方比较广阔,在任何海域都能见到它那丑陋的身影,以在菲律宾、印度、日本和澳洲最常见。

石头鱼身长 30 厘米左右,身体厚圆且有很多瘤状突起,体表无鳞。它喜欢躲在海底或岩礁下,一动不动,伪装得像是一块石头。石头鱼也可以像变色龙一样根据环境来变换自己身体的颜色,通常以土黄色和橘黄色为主。

石头鱼在毒界是赫赫有名的,特别是它那"毒"门绝技"致命一刺",令人类都闻风丧胆。如果谁被它那像针尖一样锋利的背刺刺

到,全身都会剧烈疼痛,不久就丧命。

石头鱼的背部长有几条毒鳍,鳍下长有毒腺,每条毒腺都与毒囊相连接着,毒囊内藏着毒性非常强的毒液。石头鱼在刺中目标的时候,毒囊便会受到挤压,释放出毒液,毒液沿着毒腺,像打针的针筒一样通过针头,射进被刺到的动物体内。

被石头鱼刺到后都有哪些反应呢? 首先会感觉到身体肿胀,头有些眩晕,不久就会抽搐,严重的话会休克,甚至不省人事。如果救治太晚的话,性命堪忧。

但是,石头鱼一般不会主动攻击别人,它的毒鳍只是用来预防别人攻击自己。

生活在海上的居民不怕被石头鱼的毒鳍刺到。他们在出海的时候会带上一种叫"还魂草"或"禾捍草"的药材,在海上工作的时候,即便一不小心被石头鱼刺到,他们就可以将药材配上樟木放入水中煎熬,将煎好的药物敷在伤口处即可。如果想确保万无一失,最好去医院,请医生治疗。

毒门暗器——狮子鱼

在毒鱼当中，有一种鱼叫狮子鱼，这是个不容小觑的家伙。

狮子鱼喜欢生活在印度和中国等地海洋的岩礁或者珊瑚丛中，还有个别的喜欢生活在深水中。它属于小型海洋鱼类，身体是长形的，头部和侧部都很扁，吻比较长而窄，背部中央微微凸起，鳃孔比较宽大，身体上长有圆鳞或者栉鳞，背鳍很高，并且带有细长的鳍棘，尾鳍为圆形，身体的颜色很华丽，不过大多为红色。

狮子鱼的鳍棘含有毒腺，毒腺里藏着剧毒，如果谁要是招惹它，它就会侧着身体，用背部的鳍棘刺向对方。即便是人类，如果被它刺到了，一样会感到剧痛，甚至有时候会感觉到呼吸困难，乃至晕厥。

狮子鱼这家伙不善于游泳，喜欢将自己藏在珊瑚礁的细缝中，利用珊瑚礁和自己身体的颜色相似，来隐藏自己，谨防被敌人发现。一旦它离开珊瑚礁，就有可能成为一些大鱼吃食的对象。

狮子鱼对付想吃它的大鱼自有一套。如果大鱼想要对其发动进攻，狮子鱼

122

就会张开自己长长的鳍条，让体型看起来更加庞大，同时，让自己身上的颜色更加鲜艳一些，试图让攻击它的鱼不战而退。如果有些鱼不吃那一套，那狮子鱼只能与它周旋了。

有时候，狮子鱼可能会因为斗不过大鱼而被大鱼吞掉，但是大鱼很难将带有鳍条的狮子鱼吞进肚子里，还常常会因为被狮子鱼的鳍条刺到，将狮子鱼吐出来。狮子鱼躲过了一命，但是被刺到的大鱼却会因此而丧命，真可谓得不偿失啊。

毒一无二——三色刺蝶鱼

对于一般动物来说,吃了有毒的东西以后身体会出现中毒的现象,中毒严重的动物还会毒发身亡。但是鱼类中有一种鱼吃了有毒的食物不仅不会毒发身亡,还能够将毒素积攒在体内,为自己所用。这种鱼就叫做三色刺蝶鱼。

三色刺蝶鱼,又叫美国石美人。它主要分布在西大西洋,包括美国、洪都拉斯、墨西哥等地。幼鱼和成鱼的颜色大体相同,只是分布有所不同。幼鱼为黄色,在背鳍后部下面的侧腹有蓝边黑斑块,占了整个鱼体的四分之三。头部、胸部、颈背部都是黄色,背鳍为黑色,臀鳍的边缘有红色和黄色两种。胸鳍、腹鳍和尾鳍都是黄色。体长可以达到 35 厘米,一般生活在 3~92 米深的海洋里。三色刺蝶鱼喜欢居住在岩礁和珊瑚丰富的海区,因为那里有很多食物可供它吃的,如藻类、珊瑚、海绵等。

三色刺蝶鱼本身是没有毒的,它们的毒素来源于它们的食物。三色刺蝶鱼喜欢吃一些带毒的藻类,三色毒蝶鱼吃了这些藻类不仅不会中毒,它的全身都会被剧毒浸染,可是它本身却没有生命危险。

    但是人类如果食用了三色刺蝶鱼可是不得了。没过多久就会感觉到唇、舌头以及喉咙有刺痛的感觉,可能还会有麻木的感觉。有时也会感觉到恶心、呕吐或口干,严重的时候,可能会导致肠胃痉挛、虚脱,不停地打寒颤,口腔内还会有一种金属的味道,即便是接触冷水,也会感觉到有一种触电般的刺痛。如果不及时医治,可能会导致中毒者不能够行走。这种毒消失得非常缓慢,有时候可以持续几个小时到几周,甚至几个月都有可能,极其严重者,可能会因为中毒过深而死亡。

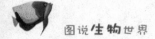

柳叶刀——洛氏刺尾鱼

洛氏刺尾鱼也是一个身上带着剧毒的家伙。

洛氏刺尾鱼喜欢生活在热带至温带的暗礁区域,在那里可以寻找海草、海藻等食物,还可以成群结队地游玩。洛氏刺尾鱼的胃口很大。如果满足它所需要的所有食物,它就能吃得白白胖胖;如果不能给予它足够多的食物,它很快就会变消瘦,还会生病,甚至会死亡。

洛氏刺尾鱼的身体长达 40 厘米左右,身体形状呈侧扁形,它背部和腹部的轮廓为浅弧形。洛氏刺尾鱼的头很大,这使它的整个身体看起来前高后低。因为全身色彩华丽,所以人类喜欢拿它当成观赏鱼来喂养。

一般来说，越是漂亮的东西，里边越可能暗藏着杀机。美丽的洛氏刺尾鱼也是一样，看上去是那么美艳动人，可是它的身上却装着剧毒。洛氏刺尾鱼的毒在它尾部的鱼鳍上，这鱼鳍形状也很不一般，看上去就像一把柳叶刀似的，如果不小心被其碰到的话，就会被划伤。有人惹到洛氏刺尾鱼的时候，它就会猛烈地摆动自己尾部，目的就是用"柳叶刀"将对方划伤，然后让毒素侵入对方的体内。

洛氏刺尾鱼的身上带的毒素是神经毒素和心脏毒素，这些毒素的毒性非常大，当人类被洛氏刺尾鱼刺伤以后，中毒轻的人一开始会出现头疼、恶心、呕吐等症状，接着又会出现腹痛、眩晕和视力模糊等症状；中毒严重的人会出现痉挛和昏迷的现象，最终会因为呼吸系统瘫痪而死亡。

以毒攻毒——黄貂鱼

在众多有毒的鱼当中,个子最大的毒鱼就是黄貂鱼。

黄貂鱼一般生活在东南亚地区和湄公河沿岸,它们有的生活在海洋中,有的生活在淡水中。在海洋中和淡水中的个体有所差别。一般生活在海洋中的,体重能够达到 5~8 千克,最大的可以达到 70 千克;生活在淡水里的,相对来说体重比较轻,一般只有 1.5 千克,最大的才能达到 15 千克。

不管是生活在海水中,还是生活在淡水中,这些黄貂鱼都喜欢到水底下去生活,特别是到带有泥沙的深潭中。一旦到了夜里,它就变得活跃了,因为在这个时候,它可以尽情地捕食它爱吃的小鱼、小虾以及软体动物了。

黄貂鱼的身体是由多种颜色组成,它眼前外侧以及尾巴两侧都是黄色的,体盘背面呈赤褐色,腹面呈乳白色,边缘都是黄色。黄貂鱼的身体是扁形的,像蝙蝠一样,体盘接近圆形,看起来很宽大。眼睛小小的,比较突出,和喷水孔一样大,喷水孔位于眼睛的后方。这家伙的鼻孔长在嘴的前面,嘴和牙齿都比较小。尾巴的前面比较宽扁,后面像是一条长长的鞭,尾的前面有一根锯齿的扁平尾刺,尾刺的基部藏着毒腺。

因为黄貂鱼的毒素在尾刺上,所以一旦遇到危险,它就会挥动自己带刺的尾巴,向敌人刺去。

在打捞鱼的过程中,有时会不小心被黄貂鱼刺到,这时黄貂鱼尾刺的毒液会顺势进入人体,人就会感觉到剧痛,有种被火灼烧的感觉,继而全身痉挛,皮肤颜色也会变成灰色或者苍白色,伤口周围开始肿胀起来,全身也会感到不舒服,因为这些毒素也可以使人血压下降、呕吐、腹泻、心跳加速、肌肉麻痹,甚至导致死亡。

如果被黄貂鱼刺伤,应尽快赶去医院。在治疗的时候,也千万不能大意,因为如果治疗不好的话,会留下病根。如果伤的是手指,手指或许以后就再也不能弯曲了。

毒霸一方——扳机鱼

扳机鱼是鲀形目鲀科的一种热带海洋鱼类。它又被称为扳机鲀或者炮弹鱼。

扳机鱼的身材扁扁的,就像是飘在海水中的薄煎饼。扳机鱼身上有很多色彩,也长了很多斑点,鱼鳞很大。扳机鱼长着两个锋利的背鳍,就像机枪的扳机一样,所以给它取名扳机鱼。

扳机鱼嘴很小,但小小的嘴里上下都长着八颗锋利的牙齿,能

够咬碎海胆的硬壳。

扳机鱼攻击性较强，特别在其繁殖期，会袭击任何接近它巢穴的物体。

扳机鱼有很多种类，如小丑扳机鱼、灰色扳机鱼、泰坦扳机鱼，以及毕加索扳机鱼等。大多数的扳机鱼，鱼肉中都含有剧毒物质，一旦吃下这些鱼肉，就会导致中毒。

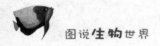
万毒手——金鼓鱼

金鼓鱼属辐鳍鱼纲鲈形目刺尾鱼亚目金钱鱼科,喜欢生活在热带海区,其分布地区较广,包括红海、波斯湾、阿曼湾、伊朗、斯里兰卡、孟加拉、巴基斯坦、印度、柬埔寨、日本、韩国、中国、越南、泰国、新加坡、马来西亚、菲律宾、巴布亚新几内亚、澳洲、密克罗尼西亚、帕劳、斐济、东加、法属波里尼西亚、萨摩亚群岛等水域。

金鼓鱼又名金钱鱼,它有着小小的嘴,小小的鳞片,体长有20～30厘米,身体形状呈圆盘状,身体颜色为橘红色,体表也长有数十个圆圆的黑色斑点。为了保护自己,它身体的颜色也会随着生活环境的变化而变化。

最有意思的是，这种鱼十分胆小，当它受到惊吓时，会发出类似于 "咽咽" 的叫声。

金鼓鱼是一种杂食的鱼，不管荤的素的，它们都来者不拒。不过这些家伙们最喜欢吃的食物是藻类和一些在海底栖息的小型动物。

金鼓鱼也是一种有毒的鱼，它背鳍上长着 10 个带有毒腺的鳍条，但毒性不是很强，不过被它刺到的话，依然会像被蝎子蜇到一样地疼痛难忍，而且被刺到的地方马上红肿。由于其背鳍上毒腺较多，因此，堪称有毒鱼类中的 "万毒手"。

生命力极强的毒棘豹蟾鱼

在有毒鱼类一族中,一种长相丑陋无比的鱼——毒棘豹蟾鱼榜上有名。毒棘豹蟾鱼属蟾鱼科豹蟾鱼属的一种海洋浅水鱼,主要栖息于西太平洋沿岸的近岸水域之中,在阿特拉托河和亚马孙河流域也有分布。毒棘豹蟾鱼个头不大,却含有剧毒,其背鳍棘和鳃盖棘上的刺含有毒液,人被它刺伤后,可引起剧烈痛肿,并向四周扩展,严重者可引起手指和脚趾关节僵硬等症状。

毒棘豹蟾鱼属于杂食性鱼类,主要以虾、蟹、软体动物、蠕虫以及其他鱼类为食物。其善于通过伪装和隐藏方式捕猎食物,比如,隐藏在岩石裂缝或水域底部植被中,当猎物经过时,它会迅速出击将其抓获。

1997 年,一条毒棘豹蟾鱼被美国哥伦比亚号航天飞机带上太空,科学家要用它来研究微重力效应。在这个过程中,科学家发现,毒棘豹蟾鱼极度耐饿,只要给其一丁点食物,它便可生存下来。除此之外,体现其生存能力较强的还有——它能够在离开水之后的数小时内依然存活。

 鱼类与人类

关键词：鱼类、科技发明、食物、生物医学研究

导　　读：鱼类不但给人类的科技以启发，还在人类的食物、医药等领域，作出了不小的贡献。

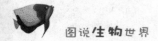

鱼类为人类的科技发明作出贡献

在自然界中,很多动物都给人类以有益的启示,就像蝙蝠启发人类制作了雷达,鸟类启发人类制造飞机,那鱼类又给人类哪些有益的启示呢?

其一,人类受发电鱼的启发,发明了伏特电池。

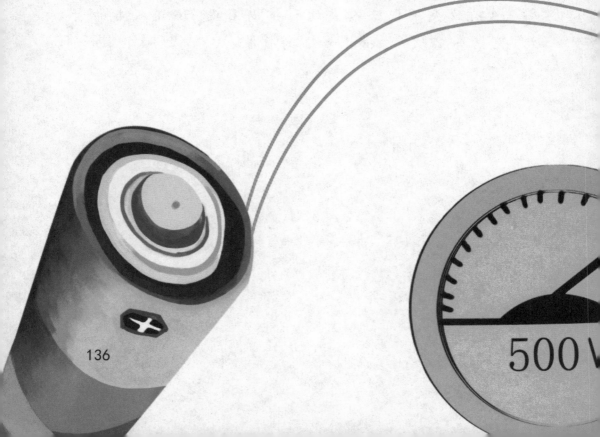

在千奇百怪的鱼类当中,很多鱼都能放电,这种能放电的鱼,被统称为"电鱼"。电鱼的种类是不同的,所以放出来的电量大小也都各不相同,有的鱼放出的电可以电死一个人或一头牛,有的鱼放出的电仅能电死一只蚂蚁。

虽然放出的电量不一样,但是放电的原理大致相同。它们体内都有一种独特的发电器,这些发电器是由电板构成的,但是鱼的种类不同,发电器的形状、位置、电板的数量也不相同。电鱼发出的电为什么不会电到自己呢?原来是因为电鱼的电板被细胞外的胶质所

包裹着，胶质起到绝缘的作用，所以才不会电到自己。

　　发现了电鱼发电的绝技之后，人类开始对它们产生了浓厚的兴趣，在经过一番的研究之后，人类根据鱼类发电器的构造，设计出了一块伏特电池，这种伏特电池也可以像电鱼一样释放出电量，如果电池内的电用完了，就可以用充电器接着充电。而鱼类的充电器，就是它自身所吃的食物的能量转化而来的。如果没有鱼类，人类也许至今还没有发明出电池。

　　其二，人们受飞鱼的启发，发明了"飞鱼"导弹。

　　飞鱼是一种既能游泳，又能"飞"的鱼，当它被水里的天敌追赶

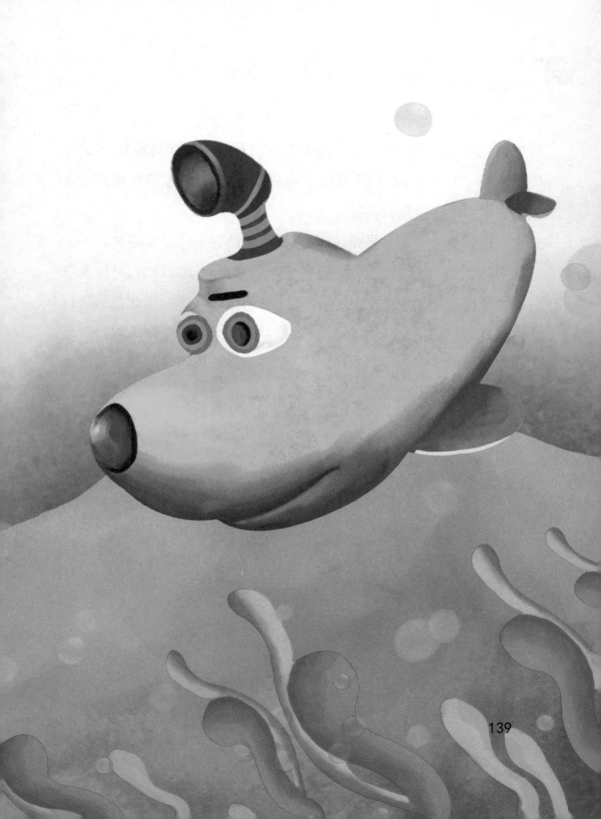

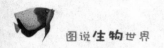

时,会跳到距水面 8 ~ 10 米的高度,并且能在空中以每秒18 米的速度滑翔 150 多米,有的甚至能滑翔 200 多米,有时候它还能贴在海面上做超低空滑翔。

据说人类的飞鱼导弹,就是根据飞鱼的这一特点发明的。人们发明的飞鱼导弹,有着"海上杀手"之称,它身材小巧玲珑,可以像飞鱼一样掠过水面,在水面上进行超低空的快速飞行。如此低的飞行高度,是很难让敌方的雷达监测到的。这样一来,无疑会给对方带来巨大的杀伤力。也正是因为如此,飞鱼导弹在英阿马岛战争和海湾战争中都发挥了极大的作用。

鱼类为人类的饮食作出贡献

中国人把鱼视为民间吉祥物,寓意年年有"鱼"(余)。鱼在人们餐饮文化上举足轻重。翻开字典看一看,鲜美之"鲜"字,祖先就将它归纳于"鱼"部首,而不是"肉"部首。

鱼不仅美味可口,而且营养丰富。蛋白质对我们身体很重要,特别是动物蛋白质,不但能增进幼儿的成长发育,还可以使伤口尽快愈合。但有些动物蛋白质是不易被人体吸收的,比如我们黄种人对鸡蛋蛋白质的吸收率不足百分之三十,而鱼类的蛋白质含有人体所需之九种必需氨基酸,这些蛋白质皆可被人体所吸收,所以鱼为人类提供了一级棒的蛋白质来源。

鱼肉不仅含有其丰富的蛋白质,还含有 ω−3 系列脂肪酸,其中以 EPA 及 DHA 含量最丰;DHA 是多元不饱和脂肪酸,可使脑神经细胞间的信息传达顺畅,提高脑细胞活力,增强记忆、反应与学习能力,并能预防、改善老年性痴呆症状。EPA 和 DHA 还具有抑制过敏反应的效果,可减轻过敏症状,还可减少溃疡性结肠炎的发炎情况。鱼肉中的牛磺酸,可抑制胆固醇合成,可改善视力。DHA可强化

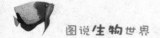

视网膜上的感光细胞对光的反应,并维持大脑皮质视敏度的刺激反应,具有维持视力的功能。

此外,鱼油中含有极丰富的脂溶性维生素 A 和维生素 D,特别在鱼的肝脏部分含量尤多,鲑鱼、鲨鱼与青鱼中含有高量的维生素 D。鱼类亦为矿物质极佳的来源,其中以磷、铜、碘、钠、钾、镁、铁、氟较为多。海水鱼含碘丰富,是碘可靠的来源,其所含锌、硒等微量元素有助于抗癌。体积小的海水鱼,如香鱼及沙丁鱼,若整条进食,则是人们极佳的钙的来源。

鱼类为生物医学研究作出贡献

　　全世界的海洋中蕴藏着各种各样的物质,这些物质很可能成为21世纪人类食物和药物的重要来源。人类为了生存,早在1000多年前就开始采用海草、贝壳类的海洋生物的器官作为药物,所以向海洋索取药物的概念并不新鲜。利用现代的仪器和技术开发海洋资源,正越来越成为人们的共识。

　　从上世纪60年代起,先进国家就开始积极开展海洋生物医学研究。美国的一个海洋研究小组,从珊瑚中分离出前列腺素物质,这种化合物经化学处理后,可成为一种活性物质,这一发现引起了广大科学家们的兴趣与制药公司的重视。

　　世界上现存的鱼类约2.4万种。在海水里生活者占三分之二,其余的生活在淡水中,中国计有2500余种,其中可供药用的有百种以上,常见的药用动物有海马、海龙、黄鳝、鲤鱼、鲫鱼、鲟鱼(鳔为鱼鳔胶)、大黄鱼(耳石为鱼脑石)、鲨鱼等等。另外,水生动物还常用作医药工业的原料,例如鳕鱼、鲨鱼或鳐的肝是提取鱼肝油(维生素A和维生素D)的主要原料。从各种鱼肉里可提取水解蛋白、细胞色素 C、卵磷脂、脑磷脂等。河鲀的肝脏和卵巢里含有大量的河豚毒素，可以提取出来治疗神经病、痉挛、肿瘤等病症。大型鱼类的胆汁可以提制胆色素钙盐，这是人工制造牛黄的原料。